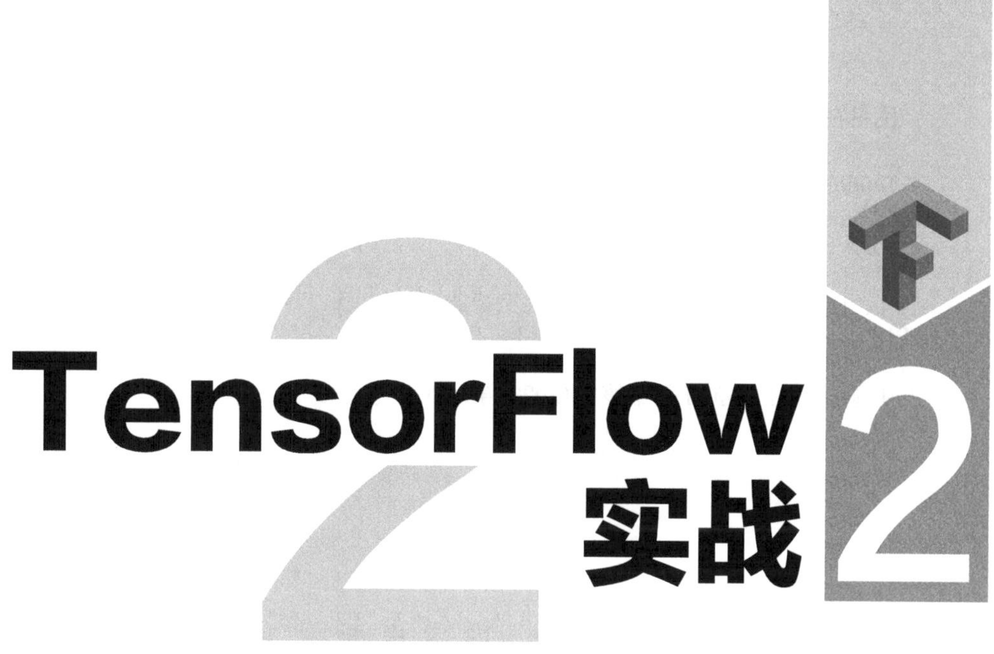

TensorFlow 2 实战

艾力◎编著

人 民 邮 电 出 版 社
北 京

图书在版编目（ＣＩＰ）数据

TensorFlow 2 实战 / 艾力编著. -- 北京 : 人民邮电出版社, 2021.6 (2024.5重印)
ISBN 978-7-115-55715-5

Ⅰ. ①T… Ⅱ. ①艾… Ⅲ. ①人工智能－算法 Ⅳ. ①TP18

中国版本图书馆CIP数据核字(2020)第262641号

内 容 提 要

本书首先讲解深度学习和 TensorFlow 2 的基础知识，然后通过图像处理和自然语言处理两方面的实例，帮助读者进一步掌握深度学习的应用，最后通过对生成对抗网络和强化学习知识的讲解，带领读者精通深度学习。

本书适合想要学习和了解人工智能、深度学习技术的程序员阅读，也可作为大专院校计算机专业师生的学习用书和培训学校的教材。

◆ 编　　著 艾　力
　责任编辑 张　涛
　责任印制 王　郁　焦志炜
◆ 人民邮电出版社出版发行　　北京市丰台区成寿寺路 11 号
　邮编 100164　　电子邮件 315@ptpress.com.cn
　网址 https://www.ptpress.com.cn
　廊坊市印艺阁数字科技有限公司印刷
◆ 开本：800×1000　1/16
　印张：15.25　　2021 年 6 月第 1 版
　字数：313 千字　　2024 年 5 月河北第 3 次印刷

定价：79.90 元

读者服务热线：(010)81055410　印装质量热线：(010)81055316
反盗版热线：(010)81055315
广告经营许可证：京东市监广登字 20170147 号

前　言

"人工智能""机器学习""深度学习""模型""神经网络"等是当前IT领域的热门话题。众多大学和IT公司致力于深度学习的研究，并且在多个领域成果丰硕。图像识别、语音识别和智能推荐等方向已经有了多个落地场景。市场上对于深度学习人才的需求量越来越大，但由于深度学习的入门门槛比较高，其学习过程与其他技术差异很大，导致很多程序员"从入门到放弃"，作者身边就不乏这样的例子。

作为一名程序员，作者深知深度学习入门和其他技术入门的差异，因此编写了本书。本书提供多个简单、易懂的实例，循序渐进地介绍TensorFlow提供的模块和API，让程序员了解深度学习模型从数据准备到训练评估，再到上线部署的全过程，从而快速入门深度学习。同时，本书避开复杂、枯燥的数学公式，以简洁、生动的语言介绍深度学习的原理和方法，从实践的角度带领读者学习。

TensorFlow 2提供了简洁、统一的API，默认支持Eager Execution模式，大大降低了代码的阅读难度和调试难度；同时，通过提供统一的模型存储格式，使模型部署到各种环境的过程变得非常简单。TensorFlow 2的这些功能，进一步降低了深度学习的入门门槛，规范了模型定义的过程。

本书面向的读者

本书主要面向程序员和准程序员。读者不需要精通数学，只需要掌握基础的Python 3编程知识，就可以开始学习本书的内容。

本书结构

本书共16章。第1～6章介绍TensorFlow的基础知识，第7～9章介绍图像处理相关知识，第10～13章讲解自然语言处理相关知识，第14章介绍生成对抗网络，第15章介绍强化学习，第16章介绍模型部署。建议读者先顺序阅读第1～6章，然后可按照自己的兴趣选择阅读第7～16章。

第1章介绍基础环境的配置，以及如何安装JupyterLab和TensorFlow，为后续章节的学习做好准备。

第 2 章介绍深度学习的常见工具，包括 NumPy、Pandas 和 Matplotlib。因为几乎每一个深度学习实验都会用到这些工具，所以了解这几个工具的使用非常重要。

第 3 章介绍如何使用 NumPy 搭建一个神经网络。本章有一些数学公式，但读者可以略过，只通过阅读代码来了解神经网络的运算过程。

第 4 章介绍深度学习的基础概念、模型评估方案，以及过拟合和欠拟合的解决方法。本章可以作为知识字典使用，第一遍略读，了解有哪些内容，后续做实验时再回过头来理解这些内容。如果读者在第一次阅读时，发现读不懂，不要卡在这一章，一定要继续读下去。

第 5 章介绍如何训练第一个深度学习模型。通过一个简单的二分类模型，帮助读者了解 TensorFlow 深度学习。

第 6 章介绍 TensorFlow 2 的模型保存、模型更新、训练回调和可视化过程。这些功能可以用于任何一个实战项目。在后续章节中，我们会把这些功能陆续加入模型训练过程中。

在第 7 章中，我们通过 Fashion-MNIST 数据集介绍基于全连接和基于卷积神经网络的图像识别。

在第 8 章中，我们通过花瓣分类实战，介绍如何处理本地的图像数据集、如何使用迁移学习提高模型训练效率和如何使用 TensorFlow Hub 简化迁移学习的流程。

第 9 章介绍神经风格迁移的原理和实现方法。读者将学习如何使用自定义梯度函数。

第 10 章介绍自然语言处理的基础知识。在本章中，我们介绍了分词、语言模型和循环神经网络，为自然语言处理实战打好基础。

在第 11 章中，我们通过语音助手意图分类实战，介绍如何实现一个文本分类模型。同时，我们会介绍如何使用预训练词嵌入提高模型效果，以及如何保存、加载自然语言深度学习模型。

在第 12 章中，我们通过写诗和中英文翻译实战，介绍自然语言的生成思路和实现方法。

在第 13 章中，我们通过报纸实体识别实战，介绍如何搭建一个序列标注模型。同时，我们介绍如何使用 BERT 做迁移，以及如何提高标注模型效果。

在第 14 章中，我们通过生成手写数字图像实战，介绍原始 GAN 和 ACGAN 的原理、实现方法和相关技巧。

在第 15 章中，我们通过小游戏介绍强化学习的基础知识，实现 Q-Learning 和 Deep Q-Learning。

第 16 章介绍如何使用 Flask 和 TensorFlow Serving 部署模型。

代码仓库

随书代码仓库位于 GitHub 网站的 BrikerMan 主页的 tf2-101，码云镜像仓库位于 Gitee 网站的 BrikerMan/tf2-101。

致谢

在此，感谢为本书出版做出贡献的每一个人，感谢每一位读者！

感谢北京游道易网络文化有限公司（Yodo1）和北京奔流网络信息技术有限公司中的伙伴对我的支持。感谢游道易 CEO 方志航和奔流网络 CEO 侯光敏给予我的支持和鼓励，让我在繁忙的工作之余有足够的时间写作本书。

感谢贝式机器智能实验室（OpenBayes）在我写书过程中提供的算力支持。OpenBayes 将为本书读者提供 20 小时的 GPU 算力和 40 小时的 CPU 算力（请在 OpenBayes 网站上进行注册，邀请码为 BRIKERMAN）。

感谢人民邮电出版社的张涛，他对本书的定位和文字提出了很多宝贵的建议。特别感谢对本书进行文字校验、代码校验，并提出宝贵意见的“大能猫”“粉红狐狸”、丁小雨和孙梦琪。

作为一名谷歌开发技术专家（Google Developers Experts），感谢谷歌为作者提供了 Experts Program 平台，让作者有更多的机会参与社区活动，可以更全面地了解社区人员对于入门教材的需求。通过与 TensorFlow 核心开发人员和机器学习技术专家的交流，进一步提高了作者对 TensorFlow 的理解。

联系方式

由于作者水平有限，书中难免有错误和不当之处，欢迎读者批评、指正。若读者想获取本书配套程序，那么可以发送电子邮件至 eliyar917@gmail.com。

艾　力

目 录

第 1 章 环境配置 ……1
1.1 云 Notebook 环境简介……1
1.2 本地 Notebook 环境准备……1
1.2.1 搭建 Python 环境……2
1.2.2 创建虚拟环境……2
1.2.3 安装 JupyterLab……3
1.3 安装 TensorFlow……6
1.4 本书的代码规范……7
本章小结……8
第 2 章 常见工具介绍……9
2.1 NumPy……9
2.1.1 创建数组……10
2.1.2 数组索引……11
2.1.3 数组切片……11
2.1.4 数学计算……12
2.1.5 神经网络的数据表示……13
2.2 Pandas……14
2.2.1 读取数据……14
2.2.2 探索数据……15
2.2.3 过滤数据……16
2.2.4 应用方法……17
2.2.5 重构数据……17
2.2.6 保存数据……18
2.3 Matplotlib……18
2.3.1 简单的图形……19
2.3.2 子图……20
2.3.3 直方图……21
2.3.4 标题、标签和图例……21
2.3.5 三维图形……22
2.3.6 结合 Pandas 使用……23
本章小结……24
第 3 章 从零开始搭建神经网络……25
3.1 构建神经元……26
3.2 搭建神经网络……28
3.3 前向传播例子……28
3.4 训练神经网络……30
3.4.1 损失……31
3.4.2 损失计算实例……31
3.5 优化神经网络……32
3.6 随机梯度下降……35
3.7 完整的代码实现……36
本章小结……41
第 4 章 深度学习基础……42
4.1 基础概念……42
4.1.1 神经元……42
4.1.2 神经网络……44
4.1.3 损失函数……45
4.1.4 神经网络训练……45
4.1.5 深度学习的主要术语……46
4.1.6 深度学习的 4 个分支……48
4.2 评估深度学习模型……49
4.2.1 简单的留出验证……49
4.2.2 *K* 折交叉验证……50
4.2.3 随机重复 *K* 折交叉验证……50

4.2.4 模型评估的注意事项……50
4.3 过拟合和欠拟合……51
4.3.1 减小神经网络模型的大小……51
4.3.2 添加权重正则化……52
4.3.3 添加 Dropout 正则化……52
本章小结……52
第 5 章 泰坦尼克号幸存者预测……53
5.1 处理数据集……53
5.2 定义模型……57
5.3 编译模型……57
5.4 训练模型……59
5.5 评估模型……60
5.6 预测……63
5.7 代码汇总……64
本章小结……66
第 6 章 TensorFlow 2 介绍……67
6.1 TensorFlow 2 基础知识和学习路线图……67
6.1.1 基础知识……67
6.1.2 学习路线图……69
6.2 模型的保存和恢复……70
6.2.1 全模型保存……70
6.2.2 保存为 SavedModel 格式……71
6.2.3 仅保存模型结构……71
6.2.4 仅保存模型权重……72
6.3 模型增量更新……72
6.4 训练回调……72
6.4.1 模型检查点和提前终止……73
6.4.2 动态调整学习率……73
6.4.3 自定义回调函数……74
6.5 TensorBoard 可视化……76
本章小结……78
第 7 章 图像识别入门……79
7.1 Fashion-MNIST 数据集……79
7.1.1 数据集简介……79
7.1.2 数据集预处理……80
7.2 全连接神经网络……82
7.2.1 构建模型……83
7.2.2 编译模型……83
7.2.3 训练模型……84
7.2.4 评估模型……84
7.2.5 预测……84
7.2.6 代码小结……87
7.3 卷积神经网络……88
7.3.1 卷积神经网络的原理……88
7.3.2 卷积层和池化层……89
7.3.3 实现卷积神经网络……91
本章小结……92
第 8 章 图像识别进阶……93
8.1 数据集处理……93
8.1.1 准备数据集……93
8.1.2 数据集预处理……96
8.1.3 简单的卷积神经网络……97
8.1.4 数据增强……99
8.2 迁移学习……102
8.2.1 VGG16 预训练模型……103
8.2.2 特征提取……105
8.2.3 微调模型……108
8.2.4 保存模型……110
8.3 TensorFlow Hub……111
本章小结……113
第 9 章 图像风格迁移……114
9.1 神经风格迁移的原理……114
9.1.1 内容损失……116
9.1.2 风格损失……117
9.2 实现神经风格迁移算法……117
本章小结……127

第 10 章 自然语言处理入门 ……128
10.1 分词 ……128
10.1.1 英文分词 ……128
10.1.2 中文分词 ……129
10.2 语言模型 ……131
10.2.1 独热编码 ……131
10.2.2 词嵌入 ……133
10.2.3 从文本到词嵌入 ……134
10.2.4 自然语言处理领域的迁移学习 ……137
10.3 循环神经网络 ……139
10.3.1 循环神经网络的原理 ……139
10.3.2 使用 NumPy 实现 RNN 层前向传播 ……140
10.3.3 循环神经网络存在的问题 ……142
10.3.4 长短期记忆网络 ……143
本章小结 ……143
第 11 章 语音助手意图分类 ……144
11.1 数据集 ……144
11.1.1 加载数据集 ……145
11.1.2 数据预处理 ……146
11.2 双向长短期记忆网络 ……151
11.3 预训练词嵌入网络 ……152
11.4 保存和加载模型 ……155
本章小结 ……157
第 12 章 自然语言生成实战 ……158
12.1 利用语言模型写诗 ……158
12.1.1 语言模型的应用 ……158
12.1.2 采样策略 ……159
12.1.3 利用 LSTM 语言模型写诗 ……159
12.2 Seq2Seq 语言模型 ……167
12.2.1 编码器 ……167
12.2.2 解码器 ……168
12.3 利用 Seq2Seq 语言模型实现中英文翻译 ……168
12.3.1 tf.keras 中的函数式模型 ……168
12.3.2 数据预处理 ……169
12.3.3 Seq2Seq 翻译模型的训练 ……171
12.3.4 Seq2Seq 翻译模型的预测 ……173
本章小结 ……176
第 13 章 中文实体识别实战 ……177
13.1 报纸实体识别 ……177
13.1.1 数据集 ……177
13.1.2 训练模型 ……181
13.1.3 评估序列标注 ……182
13.2 使用 BERT 进行迁移学习实体识别 ……183
13.2.1 在 tf.keras 中加载 BERT 模型 ……184
13.2.2 构建迁移模型 ……186
本章小结 ……188
第 14 章 生成对抗网络 ……189
14.1 生成对抗网络的原理 ……189
14.2 搭建生成对抗网络 ……190
14.2.1 生成器 ……190
14.2.2 判别器 ……191
14.2.3 完成生成对抗网络的搭建 ……191
14.3 训练生成对抗网络 ……192
14.4 辅助类别生成对抗网络 ……196
14.5 GAN 的评估 ……201
14.5.1 Inception Score ……202
14.5.2 Fréchet Inception 距离 ……203

本章小结 ······ 205

第 15 章 强化学习 ······ 206

15.1 强化学习概述 ······ 206

15.1.1 基础内容 ······ 206

15.1.2 Gym 框架简介 ······ 208

15.1.3 随机动作策略 ······ 210

15.2 Q-Learning ······ 212

15.2.1 Q-Learning 简介 ······ 212

15.2.2 Q-Learning 的实现 ······ 213

15.3 Deep Q-Learning ······ 216

15.3.1 Lunar Lander v2 ······ 216

15.3.2 随机动作 Agent ······ 217

15.3.3 DQN 的训练 ······ 219

本章小结 ······ 225

第 16 章 部署模型 ······ 226

16.1 使用 Flask 部署 ······ 226

16.1.1 Flask 入门 ······ 226

16.1.2 利用 Flask 部署图像分类模型 ······ 227

16.2 TensorFlow Serving ······ 229

16.2.1 使用命令行工具部署 ······ 230

16.2.2 使用 Docker 部署 ······ 231

16.2.3 调用 REST 接口 ······ 232

16.2.4 版本控制 ······ 233

本章小结 ······ 234

第1章 环境配置

在本章中，您将学习如何准备和使用深度学习 Notebook 环境，并了解本书的代码规范。本书的代码环境为 Python 3.6（及以上版本）和 TensorFlow 2，所有的代码需要在 Notebook 环境中执行。

本章要点：

- 云端深度学习 Notebook 环境介绍；
- 本地深度学习 Notebook 环境配置；
- Notebook 环境中运行 Python 代码和终端命令；
- pip 方式安装 TensorFlow；
- 代码规范。

1.1 云 Notebook 环境简介

深度学习代码需要在特定的环境和硬件配置中运行，其中大部分实验需要 GPU 运算资源。对于没有本地 GPU 环境的读者，可以尝试使用云服务器来做实验。谷歌和 Kaggle 都提供了免费的云 Notebook 环境。云服务器环境变化很快，为了防止本节内容过时，云服务器列表和介绍将维护在随书代码仓库中。在随书代码仓库中，列出了最新可用的云 Notebook 资源列表及相关介绍文档。

本书作者建议初学者直接使用云 Notebook 环境开始学习。在读者开始学习前，别忘了查看本章最后的代码规范。

1.2 本地 Notebook 环境准备

本书所有代码基于 Python 3.6（及以上版本）环境演示，因此，我们首先使用 Anaconda 搭建开发环境。

Anaconda是一个便捷的Python环境和包管理工具，包含Conda、Python在内的超过180个科学包及其依赖项。Anaconda简化了相关工作流程，可以让用户方便地安装、更新和卸载工具包。在安装工具包时，Anaconda能自动安装相应的依赖包，同时可以使用不同的虚拟环境隔离不同要求的项目。

1.2.1 搭建Python环境

首先通过Anaconda官网下载安装程序。Anaconda覆盖了Windows、Linux和macOS这3个平台，读者根据自己的系统下载对应的版本安装即可。对于Python 2.x和Python 3.x的选择，因为目前很多主流包已经放弃了Python 2.x分支的维护，所以读者没有必要纠结，直接选择Python 3.x即可。

在安装完成后，读者可以看到计算机上多了一个应用：Anaconda Navigator。该应用提供用于管理工具包和环境的图形用户界面，后续涉及的众多管理命令也可以在Navigator中手动执行。为了统一3个平台，后续均使用命令方式操作。Linux和macOS用户直接使用终端即可，Windows用户可以使用Anaconda Prompt，后面将统称**终端**。

在Anaconda安装完成后，我们首先把软件源切换为清华源（使用Anaconda默认软件源下载包时速度较慢），然后对所有工具包进行升级。打开计算机的终端，执行下面的命令，在终端询问是否安装如下升级版本时，输入y。

```
# 配置清华源
conda config --add channels https://mirrors.tuna.tsinghua.edu.cn/anaconda/pkgs/free/
conda config --add channels https://mirrors.tuna.tsinghua.edu.cn/anaconda/pkgs/main/
# 移除默认软件源
conda config --remove channels defaults
conda config --set show_channel_urls yes
# 升级工具包
conda upgrade --all
```

1.2.2 创建虚拟环境

Anaconda默认提供了一个root环境，为了方便，我们再创建一个名为ml_env的Python环境。在终端执行的命令如下所示。

```
conda create -n ml_env python=3.7    //执行此命令后，会自动安装Python 3.7的最新子版本
```

激活名为ml_env的环境。

```
conda activate ml_env
```

激活环境后，运行命令 python 进入交互式解释器环境。如果环境配置没有错误，则可以进入 Python 交互式解释器（见图 1-1）。

```
1. brikerman: python (python3.7)
>
~ 8s
> conda activate ml_env

~
> python
Python 3.7.2 (default, Dec 29 2018, 00:00:04)
[Clang 4.0.1 (tags/RELEASE_401/final)] :: Anaconda, Inc. on darwin
Type "help", "copyright", "credits" or "license" for more information.
>>> print("hello, python")
hello, python
>>>
```

图 1-1　Python 交互式解释器

1.2.3　安装 JupyterLab

Jupyter 源于 IPython Notebook，是使用 Python（也有 R、Julia、Node 等其他语言的内核）进行代码演示、数据分析、可视化，以及教学的好工具，同时对 Python 的流行和在 AI 领域的领先地位有很大的推动作用。

JupyterLab 是 Jupyter 的拓展，它提供了更好的用户体验。例如，可以在一个浏览器页面同时打开多个 Notebook、IPython console 和 Terminal 终端并进行编辑，并且支持预览和编辑更多种类的文件或数据，如代码文件、Markdown 文档、JSON 文件、YML 文件、CSV 文件、各种格式的图片、Vega 文件（Vega 是一种使用 JSON 定义图表的格式）和 GeoJSON 数据（用 JSON 表示地理对象）。另外，我们可以使用 JupyterLab 连接 Google Drive 等云存储服务，这样可以极大地提升生产力。

打开终端进入 ml_env 环境，执行以下命令安装 JupyterLab。

```
conda install -y jupyterlab
```

安装完成后，执行以下命令启动 JupyterLab。

```
jupyter lab
```

启动后自动打开浏览器，出现如图 1-2 所示的界面。如果没有自动跳转，则可以手动单击 log 输出的网址来打开 JupyterLab。

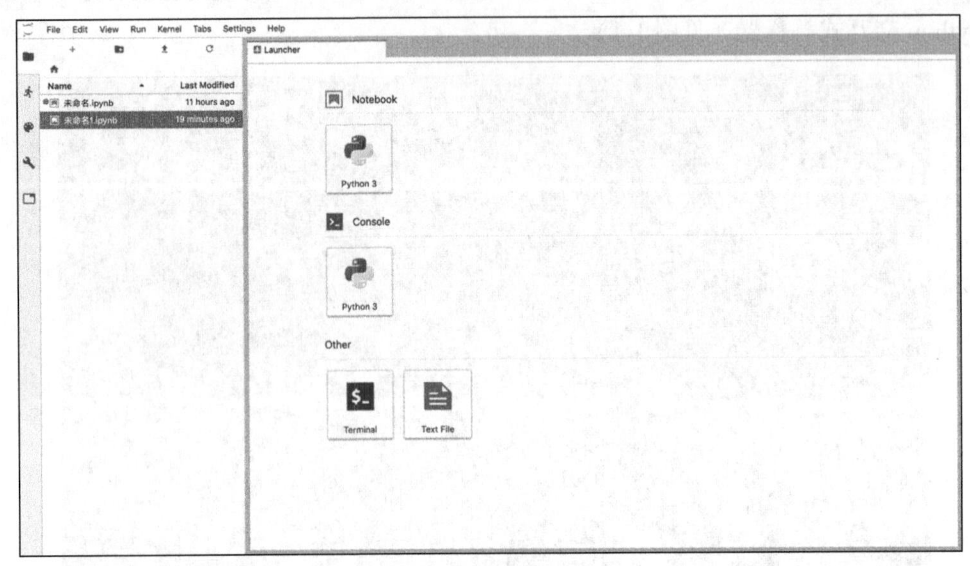

图 1-2 JupyterLab 首页

JupyterLab 支持以下 4 种 Launcher。

- **Notebook:** JupyterLab Notebook（下面统称 Notebook）可以直接运行代码，分段执行，记录输出日志和图表，如图 1-3 所示。后续实战均是在 Notebook 中执行。

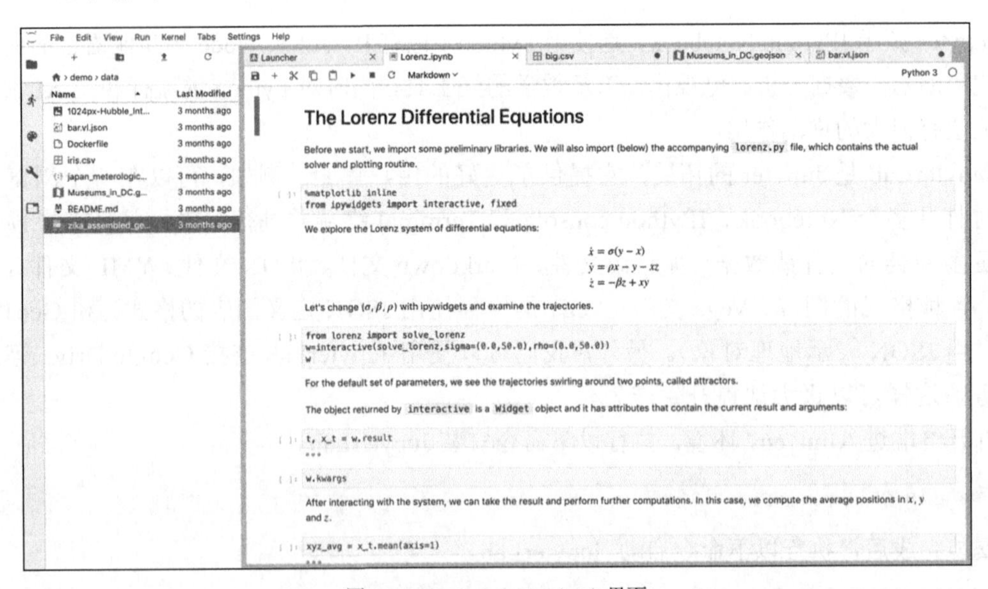

图 1-3 JupyterLab Notebook 界面

- **Console**：即 Python Console。
- **Terminal**：网页终端，如图 1-4 所示，后续的终端操作也可以直接在这里进行。

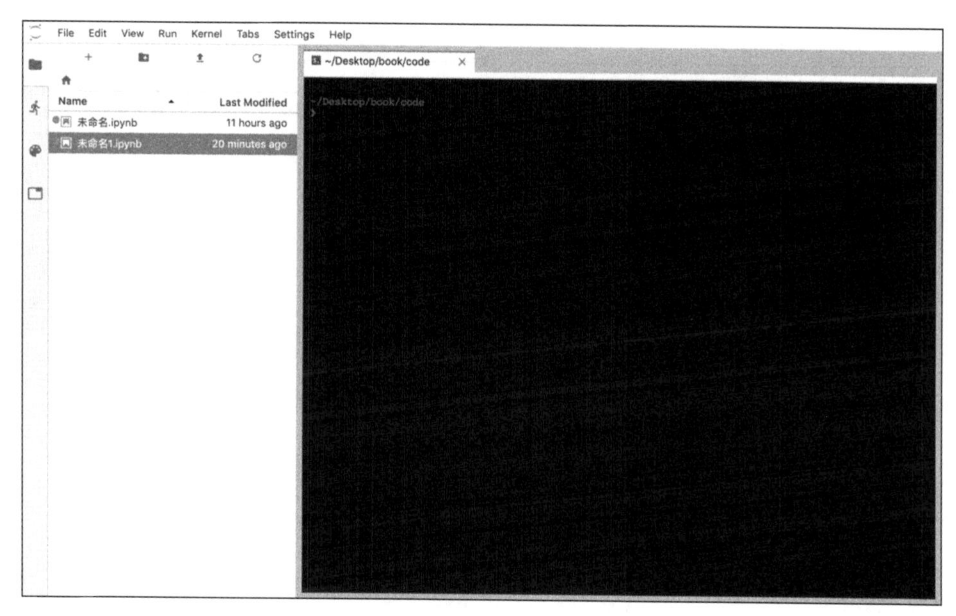

图 1-4 JupyterLab 终端界面

- **Text File**：可以创建、编辑任何格式的纯文本文件。例如，JupyterLab 预览 CSV 格式的数据如图 1-5 所示。

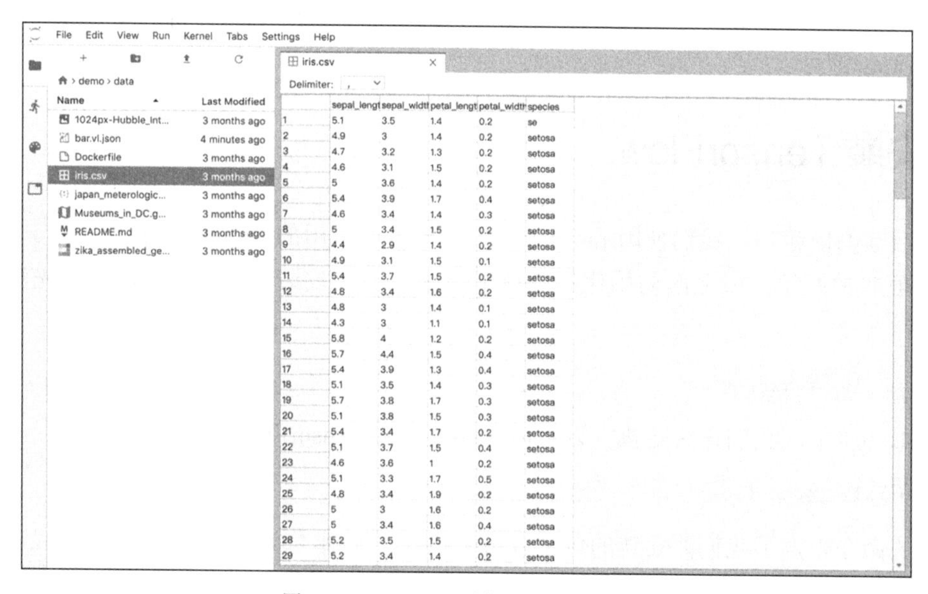

图 1-5 JupyterLab 预览 CSV 格式的数据

在如图 1-2 所示的界面中，单击 Notebook 中的 Python 3，创建第一个 Notebook。打开后输入第一行代码 “print("hello, jupyter")” 并且执行，就可以看到输出 “hello, jupyter”（见图 1-6）。

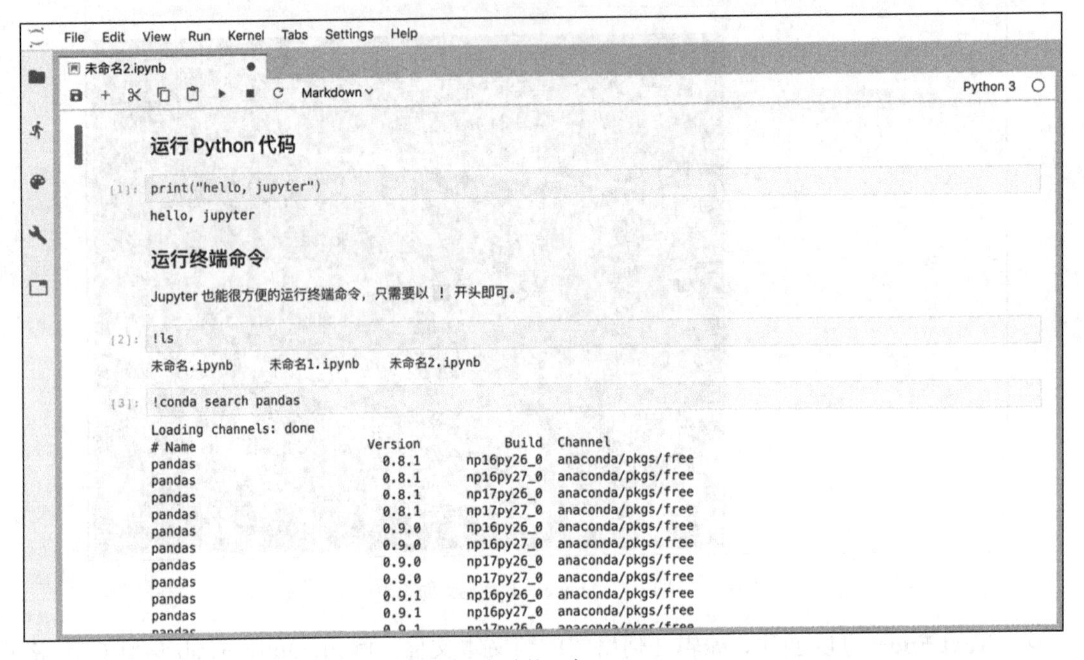

图 1-6 创建第一个 Notebook

这时，我们已经准备好了 Python 3.6（及以上版本）运行环境和 Jupyter Notebook，再安装 TensorFlow 即可。

1.3 安装 TensorFlow

对于后续的依赖项，我们使用 pip 方式安装。pip 是常用的 Python 包管理工具。使用 pip 安装依赖项非常方便。在上面初始化的虚拟环境中，已经安装了 pip 命令，因此先激活虚拟环境。

```
conda activate ml_env
```

在虚拟环境中，我们在终端执行以下命令即可安装 TensorFlow。

```
pip install tensorflow==2.0.0
```

上面的命令指定了我们要安装的包是 TensorFlow，版本号为 2.0.0。用户也可以不指定版本，不指定版本时默认下载最新版本。

如果用户的机器有 GPU 环境，那么需要安装 tensorflow-gpu，命令如下。

```
pip install tensorflow-gpu==2.0.0
```

1.4 本书的代码规范

本书的代码规范遵循 PEP 8 规范。初学者不必过于在意这点，但应尽量按照本书的代码风格编写代码。当使用 PyCharm 等 IDE 时，IDE 会自动进行代码风格检查，并使用高亮或者波浪线方式提醒用户。完整的 PEP 8 规范比较长，感兴趣的读者可以从本书附带的代码仓库的第 1 章相关资源中找到 PEP 8 规范的链接。

需要注意的是，本书所有的代码均使用了**类型标注**（type-hint）。类型标注是 Python 3.5 引入的新特性，允许开发者指定变量类型。它的主要作用是方便开发，供 IDE 和各种开发工具使用，对代码运行不产生影响，运行时会过滤类型信息。下面是类型标注的一个例子。

```
def greeting(name: str) -> str:
    return 'Hello ' + name
```

我们可以看到，greeting()方法接收一个字符串类型的参数 name，返回一个字符串。Python 中的类型标注是为了方便用户阅读和理解代码，同时方便 IDE 或者其他代码检查工具更好地检查代码。Python 具备动态特性，运行代码的时候可以传递一个数字变量给 name 参数，但是强烈不建议这样做。

除类型标注以外，本书使用的另外一个新特性是 f-strings。f-strings 是 Python 3.6 引入的新的字符串格式化语法。它比之前的方案更加简洁、易读，性能也更好。下面是使用 f-strings 的例子。

```
name = "Tom"
age = 3
print(f"His name is {name}, he's {age} years old.")
# 输出 "His name is Tom, he's 3 years old."

print(f'He will be { age+1 } years old next year.')
# 输出 "He will be 4 years old next year."

# 浮点数精度
PI = 3.141592653
print(f"Pi is {PI:.2f}")
# 输出 'Pi is 3.14'
```

本章小结

在本章中，我们主要学习了如何搭建深度学习 Notebook 环境，以及如何在 Notebook 环境中运行 Python 代码和终端命令。本书后续所有的实验均使用 Notebook 环境进行。在配置好环境后，我们将会介绍深度学习的相关工具。

第 2 章 常见工具介绍

在本章中，您将会了解 Python 数据处理中常用的 3 个工具：NumPy、Pandas 和 Matplotlib。因为几乎每一个深度学习实验都会用到这几个工具，所以熟练掌握和使用它们是学习深度学习的第一步。

本章要点：

- NumPy 基本用法；
- Pandas 基本用法；
- Matplotlib 基本用法；
- 神经网络的数据表示。

2.1 NumPy

NumPy 是一个功能强大的 Python 库，主要用于对多维数组执行计算。NumPy 这个术语来源于两个单词——Numerical 和 Python。NumPy 提供了大量的库函数和操作，可以帮助程序员轻松地进行数值计算。这类数值计算广泛用于以下任务。

- 机器学习模型：在编写机器学习算法时，需要对矩阵进行各种数值计算，如矩阵乘法、换位、加法等。NumPy 提供了一个非常好的库，可以简单（在编写代码方面）和快速（在速度方面）地进行计算。NumPy 数组用于存储训练数据和机器学习模型的参数。
- 图像处理和计算机图形学：计算机中的图像表示为多维数字数组。实际上，NumPy 提供了一些优秀的库函数来快速处理图像，如镜像图像、按特定角度旋转图像等。
- 数学任务：NumPy 对于执行各种数学任务非常有用，如数值积分、微分、内插、外推等。因此，当涉及数学任务时，它形成了一种基于 Python 的 MATLAB 的快速替代。

由于 NumPy 提供高效的向量和矩阵运算支持，因此几乎所有的 Python 机器学习框架都会用到它。下面我们快速了解一下 NumPy 的基本用法。

启动运行环境，然后在终端执行以下代码安装 NumPy。如果是在云端，则直接执行即可。

```
pip install numpy
```

通常，我们用下面的方式引入 NumPy。

```
import numpy as np
```

NumPy 提供多种数据结构，其中最重要的数据结构是一个称为 NumPy 数组的强大对象，它的数据类型为 ndarray。ndarray 是 Python 数组的扩展，它配备了大量的函数和运算符，可以帮助我们快速编写上面讨论过的各类计算对应的高性能代码。现在，让我们了解一下如何创建和使用数组、数组索引、数组切片，以及如何进行数学计算。

2.1.1 创建数组

NumPy 提供了多种创建数组的方法，其中常用的创建方式有以下两种。

```
a = np.array([1, 2, 3])   # 创建一个一维数组
print(type(a))            # 输出 "<class 'numpy.ndarray'>"
print(a.shape)            # 输出 "(3,)"，表示 NumPy 数组形状的元组
                          # 每个数字表示一个维度长度
print(a[0], a[1], a[2])   # 输出 "1 2 3"
a[0] = 5                  # 修改数组中的元素
print(a)                  # 输出 "[5, 2, 3]"

b = np.array([[1,2,3],[4,5,6]])      # 创建一个 2*3 维度（2 行、3 列）的数组
print(b.shape)                       # 输出 "(2, 3)"
print(b[0, 0], b[0, 1], b[1, 0])     # 输出 "1 2 4"
```

此外，NumPy 还内置了一些用快捷方法创建的特定类型的数组（矩阵），例如：

（1）统一元素组成的数组；

（2）单位数组；

（3）随机元素组成的数组。

```
a = np.zeros((2,2))   # 创建一个 2*2 维度的所有元素都是 0 的数组
print(a)              # 输出 "[[ 0.  0.]
                      #        [ 0.  0.]]"

# 用户也可以创建其他类型的数组
b = np.ones((1,2))    # 创建一个 1*2 维度的所有元素都是 1 的数组
print(b)              # 输出 "[[ 1.  1.]]"

c = np.full((2,2), 7)  # 创建一个 2*2 维度的所有元素都是 7 的数组
```

```
print(c)                 # 输出 "[[ 7.  7.]
                         #       [ 7.  7.]]"

d = np.eye(2)           # 创建一个 2*2 维度的单位矩阵数组
print(d)                # 输出 "[[ 1.  0.]
                        #       [ 0.  1.]]"

e = np.random.random((2,2))  # 创建一个 2*2 维度的随机数组
print(e)                     # 输出类似 "[[ 0.91940167  0.08143941]
                             #           [ 0.68744134  0.87236687]]"
```

2.1.2 数组索引

索引是数组定位一个元素位置的坐标。一维 ndarray 的索引和 Python 数组索引一致，而多维数组需要为每一个维度提供一个索引值。下面我们学习如何使用数组索引。

```
# 创建一个 3 行、4 列的二维数组
# [[ 1  2  3  4]
#  [ 5  6  7  8]
#  [ 9 10 11 12]]
a = np.array([[1,2,3,4], [5,6,7,8], [9,10,11,12]])

# 直接获取某行某列的数据
print(a[0, 2])  # 输出 3

# 先获取第 1 个维度，再获取第 2 个维度
print(a[0])     # 输出 [1 2 3 4]
print(a[0][2])  # 输出 3
```

2.1.3 数组切片

切片是获取数组元素子集的过程，NumPy 提供多种数据切片方法。与索引一致，切片时也需要指定每一个维度的切片。下面我们介绍如何使用切片方法。

```
# 创建一个 3 行、4 列的二维数组
# [[ 1  2  3  4]
#  [ 5  6  7  8]
#  [ 9 10 11 12]]
a = np.array([[1,2,3,4], [5,6,7,8], [9,10,11,12]])

# 使用切片拉取由前 2 行，以及第 2 列和第 3 列组成的子阵列；b 数组的形状为 (2,2)
# [[2 3]
#  [6 7]]
```

```
b = a[:2, 1:3]

# 数组的切片是对同一数据的引用，因此修改它将修改原始数组，即切片和原始数组指向同一内存地址
print(a[0, 1])    # 输出 "2"
b[0, 0] = 77      # b[0, 0] 和 a[0, 1] 指向同样的数据
print(a[0, 1])    # 输出 "77"
```

我们可以将整数索引与切片索引混合使用，但这样做会产生比原始数组更低级别的数组。作者强烈不建议读者使用维度低于原数组维度的切片，除非不知道原数组的维度。

2.1.4 数学计算

两个形状相同的ndarray可以使用Python的原生数学计算操作进行计算，这个计算过程是对同坐标的元素进行一对一的逐个运算，得到的结果也是一个相同形状的 ndarray。下面我们创建两个 ndarray，然后进行相加。

```
a = np.array([[1.0,2.0,3.0],[3.0,4.0,5.0]])
b = np.array([[10.0,20.0,30.0],[30.0,40.0,50.0]])
print(a + b) # [[11. 22. 33.]
             #  [33. 44. 55.]]
```

一个普通的数字也能够和 ndarray 进行原生数学计算操作。该数字将对 ndarray 的每个元素进行相同的计算，计算结果是一个同形状的ndarray。现在我们创建一个 ndarray，然后和数字 3 相加。

```
a = np.array([[1.0,2.0,3.0],[3.0,4.0,5.0]])
print(a + 3)    # [[ 4.  5.  6.]
                #  [ 6.  7.  8.]]
```

ndarray 能够进行原生数学计算操作，如加、减、乘、除，但是，既不能直接使用 Python 内建的数学函数方法，又不能直接使用 Python 的 math 模块，而是使用 NumPy 中对应的方法。例如，Python 的 abs()方法不能用于 ndarray，要计算 abs，需要使用 np.abs()方法。下面我们看一下如何用 NumPy 实现 Python 内建的方法和 math 模块的方法。

```
# NumPy 中的 abs()（求绝对值）方法
print(np.abs(a-3)) # [[2. 1. 0.]
                   #  [0. 1. 2.]]


# NumPy 中的 sin()（求正弦函数）方法
print(np.sin(a)) # [[ 0.84147098  0.90929743  0.14112001]
                 #  [ 0.14112001 -0.7568025  -0.95892427]]
```

对于矩阵计算，目前 ndarray 已经覆盖了 np.matrix 大部分的常用操作，因此读者不必刻意

学习 np.matrix。例如，我们对一个 ndarray 取 T 属性，就得到了它的转置；使用 np.dot()方法就可以进行矩阵相乘。

```
a = np.array([[1],[2]])
b = a.T
print(a.shape) # (2, 1)
print(b.shape) # (1, 2)
m = np.dot(a, b)
print(m) # [[1 2]
         #  [2 4]]
```

2.1.5 神经网络的数据表示

我们在前面的例子中创建的多维 NumPy 数组也叫作**张量**（tensor）。目前，几乎所有的机器学习系统都使用张量作为基本的数据结构。TensorFlow 的名字就来自张量。张量是一个数据容器，它包含的数据几乎是数值数据。张量的维度（dimension）通常叫作**轴**（axis）。

常见的张量有以下几种。

- **标量**。仅包含一个数组的张量叫作**标量**（scalar），或者**零维张量**。在 NumPy 中，一个 float 32 或者 float 64 数据就是一个标量。
- **向量**。数字组成的数组叫作**向量**（vector），或者**一维张量**。向量只有一个轴。
- **矩阵**。向量组成的数组叫作**矩阵**（matrix），或者**二维张量**。矩阵有两个轴，通常叫作**行**和**列**。
- **三维或更高维张量**。将多个矩阵组合成一个新的数组，可以得到一个三维张量。将多个三维张量组合成一个数组，可以创建一个四维张量。深度学习一般处理零维～四维张量，在处理视频数据时可能会遇到五维张量。

张量是由以下 3 个关键属性定义的。

- **轴的个数**：一个三维张量有 3 个轴，矩阵有两个轴。NumPy 中对应的属性为 ndarray 对象的 ndmin 属性。
- **形状**：张量的形状是一个整数元组，表示张量沿每个轴的元素个数，如(4,2)。向量的形状只包含一个元素，如(4,)，而标量的形状为空，即()。NumPy 中对应的属性为 ndarray 对象的 shape 属性。
- **数据类型**：张量中所包含的数据的类型。NumPy 中对应的属性为 ndarray 对象的 dtype 属性。

2.2 Pandas

在平时的工作中，深度学习工程师将一大半的时间用于处理数据。业界的一般研发团队并不会花费太多精力去研究全新的机器学习模型，而是针对具体的项目和特定数据，使用现有的模型进行分析。Pandas 是一个针对数据处理和分析的 Python 工具包。它实现了对数据进行读写、清洗、填充，以及分析的功能。这样可以帮助研发人员节省大量的时间和精力。下面让我们快速了解一下 Pandas 的基本用法。

启动 ml_env 环境，然后在终端执行以下代码安装 Pandas。

```
pip install pandas
```

通常，我们用下面的方式引入 Pandas。

```
import pandas as pd
```

Pandas 中的基础数据有两种，即 Series 和 DataFrame。

我们可以简单地将 Series 视为一维数组。Series 和一维数组主要的区别在于，Series 类型具有索引（index），可以和编程中另一个常见的数据结构——散列（hash）联系起来。

DataFrame 是一种二维的表格类型的数据结构。DataFrame 可以存储许多不同类型的数据，每个轴都有标签。我们可以将其理解为一个 Series 字典。

2.2.1 读取数据

Pandas 只需要执行下面一行代码，就可以轻松读取 CSV 文件到内存，并得到一个 DataFrame 对象。

```
df = pd.read_csv('data/uk_rain_2014/uk_rain_2014.csv')
```

Pandas 提供了一系列的 read_ 方法来读取多种格式的文件，如下所示。

- read_csv;
- read_table;
- read_fwf;
- read_clipboard;
- read_excel;
- read_hdf;
- read_html;

- read_json；
- read_msgpack；
- read_pickle；
- read_sas；
- read_sql；
- read_stata；
- read_feather。

2.2.2 探索数据

我们可以使用 head(*n*)方法查看前 *n* 行的数据，默认值为 5，读取效果如图 2-1 所示。

```
df.head()
```

	Water Year	Rain (mm) Oct-Sep	Outflow (m3/s) Oct-Sep	Rain (mm) Dec-Feb	Outflow (m3/s) Dec-Feb	Rain (mm) Jun-Aug	Outflow (m3/s) Jun-Aug
0	1980/81	1182	5408	292	7248	174	2212
1	1981/82	1098	5112	257	7316	242	1936
2	1982/83	1156	5701	330	8567	124	1802
3	1983/84	993	4265	391	8905	141	1078
4	1984/85	1182	5364	217	5813	343	4313

图 2-1 查看前 5 行数据

如果想查看后 *n* 行，则可以使用 tail()方法。

我们通常使用列的名字在 DataFrame 中查找列。这一方式很好用，但是有时列名太长，例如调查问卷中的问题，这种情况需要简化列名以便后续操作。DataFrame 替换列名也非常简单，只需要传递一个新的列名数组给 df.columns 属性，执行结果如图 2-2 所示。

```
# 设定显示的列
df.columns = ['water_year','rain_octsep', 'outflow_octsep',
              'rain_decfeb', 'outflow_decfeb', 'rain_junaug', 'outflow_junaug']

df.head(5)
```

	water_year	rain_octsep	outflow_octsep	rain_decfeb	outflow_decfeb	rain_junaug	outflow_junaug
0	1980/81	1182	5408	292	7248	174	2212
1	1981/82	1098	5112	257	7316	242	1936
2	1982/83	1156	5701	330	8567	124	1802
3	1983/84	993	4265	391	8905	141	1078
4	1984/85	1182	5364	217	5813	343	4313

图 2-2 更新列的名字

当需要快速了解数据集的时候，可以使用 describe()方法显示数据概要，可以计算每列的数据总数、均值、标准差之类的统计数据，执行效果如图 2-3 所示。

```
df.describe()
```

	rain_octsep	outflow_octsep	rain_decfeb	outflow_decfeb	rain_junaug	outflow_junaug
count	33.000000	33.000000	33.000000	33.000000	33.000000	33.000000
mean	1129.000000	5019.181818	325.363636	7926.545455	237.484848	2439.757576
std	101.900074	658.587762	69.995008	1692.800049	66.167931	1025.914106
min	856.000000	3479.000000	206.000000	4578.000000	103.000000	1078.000000
25%	1053.000000	4506.000000	268.000000	6690.000000	193.000000	1797.000000
50%	1139.000000	5112.000000	309.000000	7630.000000	229.000000	2142.000000
75%	1182.000000	5497.000000	360.000000	8905.000000	280.000000	2959.000000
max	1387.000000	6391.000000	484.000000	11486.000000	379.000000	5261.000000

图 2-3 数据概要

2.2.3 过滤数据

在探索数据的时候，经常需要抽取数据中特定的样本，如我们有一个关于工作满意度的调查表，可能需要提取特定行业或者年龄的人群的数据。

在 Pandas 中，有多种方法可以提取我们想要的信息。如果想提取一整列，那么使用列的标签作为键值或属性即可。

```
# 下面两个语句结果一样，返回一个 series
col = df['rain_octsep']
col = df.rain_octsep
```

我们可以使用布尔条件筛选具体的数据，如从数据中筛选出所有降雨量大于 1200 mm 的记录（见图 2-4）。

```
df[df.rain_octsep > 1200]
```

	water_year	rain_octsep	outflow_octsep	rain_decfeb	outflow_decfeb	rain_junaug	outflow_junaug
7	1987/88	1210	5572	343	8456	294	3154
18	1998/99	1268	5824	360	8771	225	2240
19	1999/00	1204	5665	417	10021	197	2166
20	2000/01	1239	6092	328	9347	236	2142
26	2006/07	1387	6391	437	10926	357	5168
27	2007/08	1225	5497	386	9485	320	3505
31	2011/12	1285	5500	339	7630	379	5261

图 2-4 利用布尔条件筛选数据

图 2-4 所示的筛选方式可以使用 query 语句替代。

```
df.query('rain_octsep > 1200')
```

我们还可以使用字符串匹配方式筛选，如下所示。

```
# 返回 20 世纪 90 年代的所有记录
df[df.water_year.str.startswith('199')]
```

2.2.4 应用方法

有时，我们需要对数据集中的数据进行改变或者某种操作。例如，有一列关于年份的数据，需要新的一列来表示这些年份对应的年代。Pandas 中有两个非常有用的方法：apply()和 applymap()，其中 apply()可以对某一行或者某一列进行操作。我们看一下如何对列进行变换操作。

```
def base_year(year):
  base_year = year[:4]
  base_year= pd.to_datetime(base_year).year
  return base_year

# apply()接受一个方法作为参数，然后对于给定的 DataFrame 或 Series 进行操作
# 该方法会对给定数据集的所有数据逐个进行运算，然后返回一个新的 DataFrame 或 Series
df['year'] = df.water_year.apply(base_year)
df.head(5)
```

上面的代码创建了一个叫作 year 的列，它只将 water_year 列中的年份提取了出来。这就是 apply()的用法，即对一列或者一行数据应用方法。如果您想对整个数据集应用方法，就要使用 applymap()。

2.2.5 重构数据

我们可以重新建立数据结构，使得数据集呈现一种更方便且有用的形式。常用的重构数据方法是分组。Pandas 提供了方法 groupby()来对选定的列进行分组。

```
group_by_object = df.groupby(df.year // 10*10)
group_by_object.max()
```

在上面这个例子中，我们先把年份整除 100，然后以其结果分组，这就相当于把每个年代的数组合并成了一组。此时，我们可以得到一个类型为 DataFrameGroupBy 的对象。然后，我们通过调用这个分组对象的 max()、min()和 mean()方法获取每一组的最大值、最小值和均值。我们也可以按照多列进行分组（见图 2-5）。

```
# 首先使用年代分组，再按照 rain_octsep 整除 1000 分组
group_by_data = df.groupby([df.year // 10 * 10, df.rain_octsep // 1000])
# 获取每一组的平均值，会对每一组的每一列求均值并展示
# 比如下面 year = 1980, rain_octsep = 0 的行的 outflow_octsep 列，
# 代表20世纪 80 年代，在rain_octsep < 1000 的数据组中，outflow_octsep 的平均值是 4297.500000
group_by_data.mean()
```

year	rain_octsep	rain_octsep	outflow_octsep	rain_decfeb	outflow_decfeb	rain_junaug	outflow_junaug	year
1980	0	984.500000	4297.500000	350.0	7685.000000	170.500000	1259.000000	1985.500000
	1	1142.000000	5289.625000	313.5	7933.000000	235.250000	2572.250000	1984.250000
1990	0	856.000000	3479.000000	245.0	5515.000000	172.000000	1439.000000	1995.000000
	1	1140.333333	5064.888889	349.0	8363.111111	219.333333	2130.555556	1994.444444
2000	1	1160.500000	5030.800000	318.9	7812.100000	263.500000	2685.900000	2004.500000
2010	1	1142.666667	5116.666667	318.0	7946.000000	277.666667	3314.333333	2011.000000

图 2-5 多列分组

2.2.6 保存数据

在探索、过滤和重构完数据之后，最后的数据集可能会发生很大改变，但比原始数据更符合实际需求。然后，我们可以保存新数据集，以便下次直接使用。Pandas 数据集的保存也非常简单，只需要下面一行代码。

```
df.to_csv('new_uk_rain.csv')
```

2.3 Matplotlib

Matplotlib 是 Python 的一个绘图库。它包含了大量的工具，我们可以使用这些工具创建各种图形，包括简单的散点图、正弦曲线，以及较复杂的三维图形。在 Python 科学计算社区，人们经常使用它完成数据可视化的工作。

启动 ml_env 环境，然后在终端执行以下代码安装 Matplotlib。

```
pip install matplotlib
```

通常，我们使用下面的方式引入 Matplotlib，一般会一起引入 NumPy 来提供数据。

```
# Jupyter 的魔法方法（magic function），用于在 Jupyter 中显示内嵌图像
%matplotlib inline

import matplotlib.pyplot as plt
import numpy as np

# 如果绘制的图表不清晰，则可以设置高的 DPI 值来提高图表的清晰度
plt.rcParams['figure.dpi'] = 160
```

在 Matplotlib 中，常用的元素是图形（figure）。一个图形可以包含多个图表。

2.3.1 简单的图形

我们绘制一个简单的线条。首先，使用 np.linspace()定义一个包含 50 个元素的数组，这 50 个元素均匀地分布在[-10, 10]区间。然后，我们将这个数组作为 x，通过 $2x$+1 计算一组 y。最后，绘制 $2x$+1 在[-10, 10]区间的图像。

```
x = np.linspace(-10, 10, 50)

plt.figure()
plt.plot(x, 2*x + 1)
plt.show()
```

下面我们首先使用 figure()方法初始化一个图形，然后按照给定的 x、y 绘制一条线，最后调用 show()方法把图形展示出来（见图 2-6）。

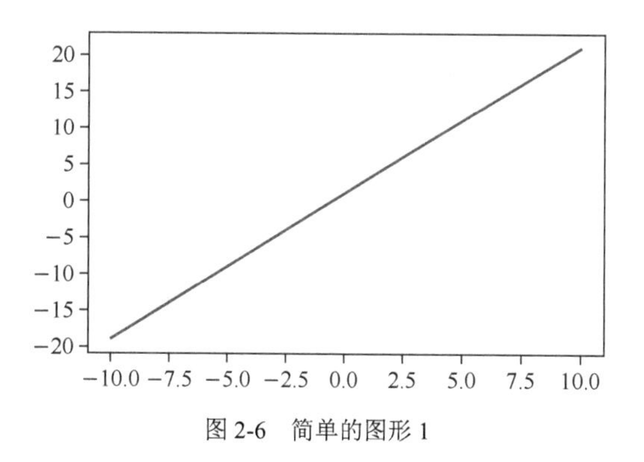

图 2-6 简单的图形 1

用户也可以绘制多个线条到同一个图形（见图 2-7），只需要展示前调用相应次数的 plot()方法。

```
x = np.linspace(-3, 3, 50)

# 定义一个宽 8in、高 4in 的 figure
plt.figure(num=3, figsize=(8, 4),)

# 绘制 (x, x**2) 的线条
plt.plot(x, x**2)

# 绘制 (x, 2x+1) 的线条，并自定义颜色、线条宽度和线条风格
plt.plot(x, 2*x + 1, color='red', linewidth=1.0, linestyle='-.')
plt.show()
```

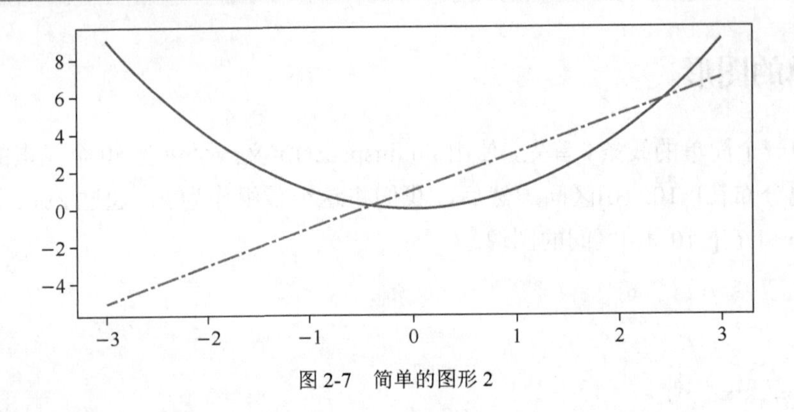

图 2-7 简单的图形 2

2.3.2 子图

我们还可以使用子图在一个窗口绘制多张图，具体的实现代码如下。

```
x = np.linspace(0, 2 * np.pi, 50)
plt.subplot(2, 1, 1) #(行、列、活跃区)
plt.plot(x, np.sin(x), 'r')
plt.subplot(2, 1, 2)
plt.plot(x, np.cos(x), 'g')
plt.show()
```

在使用子图时，只需要一个额外的步骤就可以像前面的例子一样绘制数据集，即在调用plot()方法之前先调用 subplot()方法。subplot()方法的第一个参数表示子图的总行数，第二个参数表示子图的总列数，第三个参数表示活跃区。

活跃区表示当前子图所在的绘图区域。绘图区域按从左至右、从上至下的顺序编号。例如，在 2×1 的 figure 上，下方子图的坐标为(2, 1)（见图 2-8）。

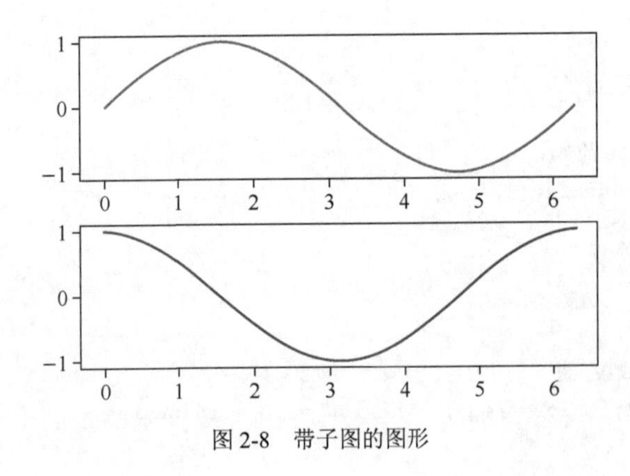

图 2-8 带子图的图形

2.3.3 直方图

直方图是比较常见的图形，我们可以通过以下几行代码创建它。

```
x = np.random.randn(1000)
plt.hist(x, 50)
plt.show()
```

直方图是 Matplotlib 中最简单的图形之一，只需要向 hist()方法传入一个包含数据的数组即可实现。hist()方法的第二个参数表示数据容器的个数。数据容器表示不同的值的间隔，用来包含我们的数据。数据容器越多，图形上的数据条就越多。

最终，我们可以得到类似图 2-9 的直方图。

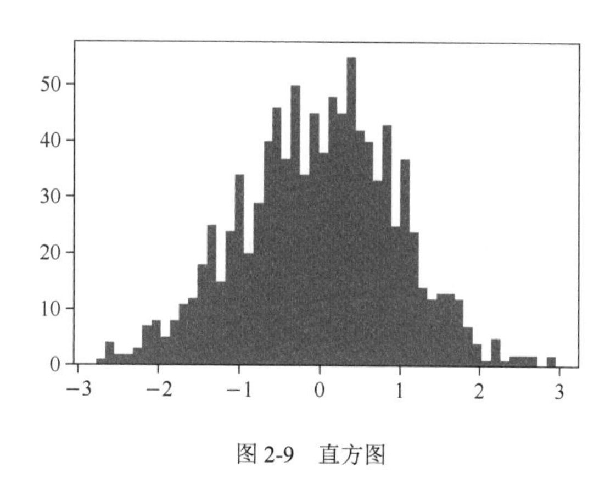

图 2-9 直方图

2.3.4 标题、标签和图例

在快速创建图形时，我们不需要为图形添加标签。但当构建用于展示的图形时，我们就需要添加标题、标签和图例。下面我们创建一个图形，并且为其添加标题、标签和图例。

```
x = np.linspace(0, 2 * np.pi, 50)
plt.plot(x, np.sin(x), color='red', linestyle='dotted', label='sin(x)')
plt.plot(x, np.cos(x), color='green', marker='o', linestyle='dashed', label='cos(x)')
plt.legend()  # 展示图例
plt.xlabel('Rads') # 给 x 轴添加标签
plt.ylabel('Amplitude') # 给 y 轴添加标签
plt.title('sin and cos Waves') # 添加图形标题
plt.show()
```

为了给图形添加图例，我们需要在 plot()方法中添加命名参数“label”并赋予该参数相应的内容，然后调用 legend()方法。

接下来，我们只需要调用方法 title()、xlabel()和 ylabel()就可以为图形添加标题和标签（见图 2-10）。

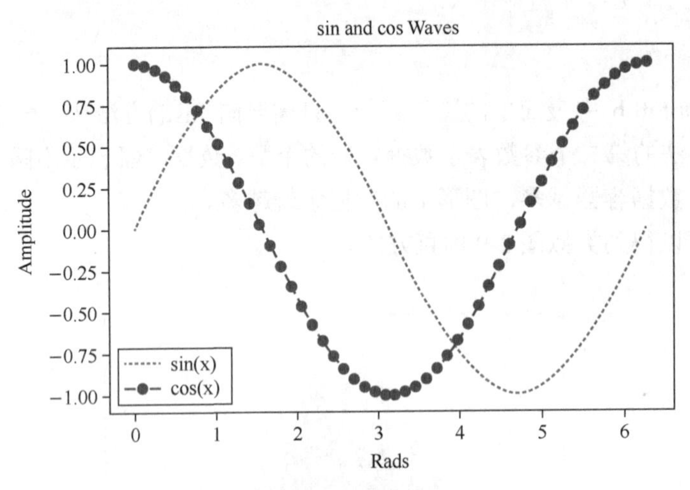

图 2-10 带标题、标签和图例的图形

2.3.5 三维图形

Matplotlib 不但能够绘制简单的图形，而且能够绘制相对比较复杂的三维图形。下面是图 2-11 所示的图形的实现代码。

```
from matplotlib import cm
from mpl_toolkits.mplot3d import Axes3D

fig = plt.figure()
ax = fig.gca(projection='3d')
X = np.arange(-5, 5, 0.25)
Y = np.arange(-5, 5, 0.25)
X, Y = np.meshgrid(X, Y)
R = np.sqrt(X**2 + Y**2)
Z = np.sin(R)
surf = ax.plot_surface(X, Y, Z, rstride=1, cstride=1, cmap=cm.coolwarm)
plt.show()
```

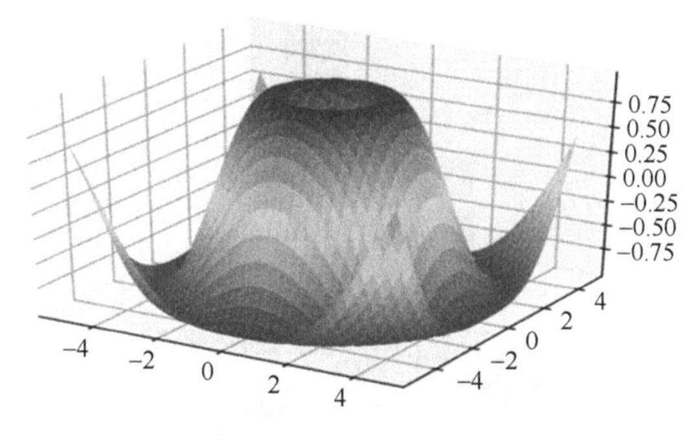

图 2-11 三维图形实例

2.3.6 结合 Pandas 使用

在了解了 Matplotlib 的基本用法后，我们介绍如何在 Pandas 中使用 Matplotlib 绘图（示例见图 2-12）。

```
import pandas as pd
# 读取数据
df = pd.read_csv('data/uk_rain_2014/uk_rain_2014.csv')
# 更新列名
df.columns = ['water_year','rain_octsep', 'outflow_octsep',
              'rain_decfeb', 'outflow_decfeb', 'rain_junaug', 'outflow_junaug']
# 绘制所有数据的图例，设置 x 轴为年份
df.plot(x = 'water_year')
```

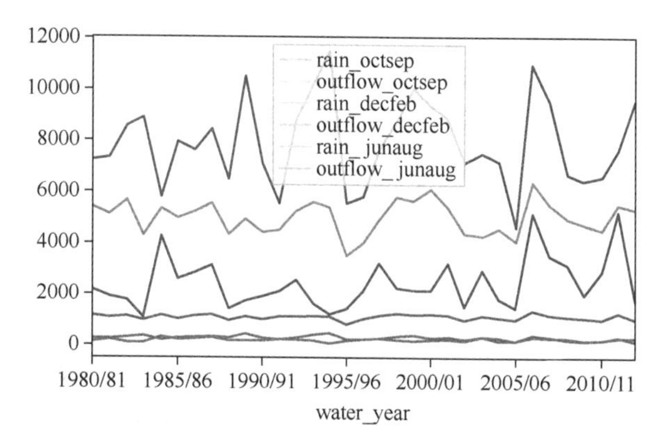

图 2-12 Pandas 数据可视化 1

我们可以选择某一列，然后绘制其直方图（见图 2-13）。

```
df.rain_octsep.hist()
```

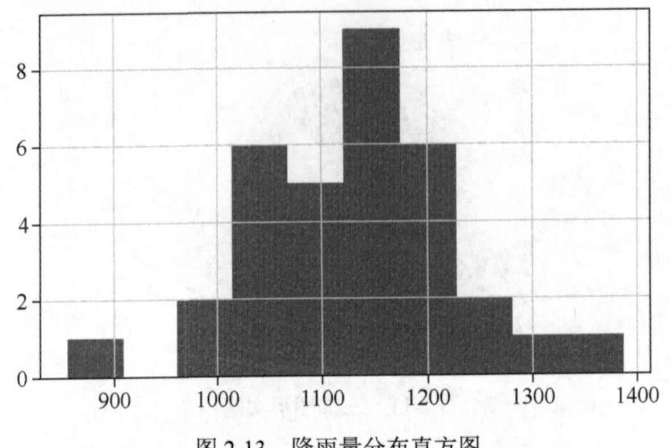

图 2-13 降雨量分布直方图

我们也可以使用柱状图可视化数据（见图 2-14）。

```
# 可视化前 5 条数据
df[:5].plot(x='water_year', kind = 'bar')
```

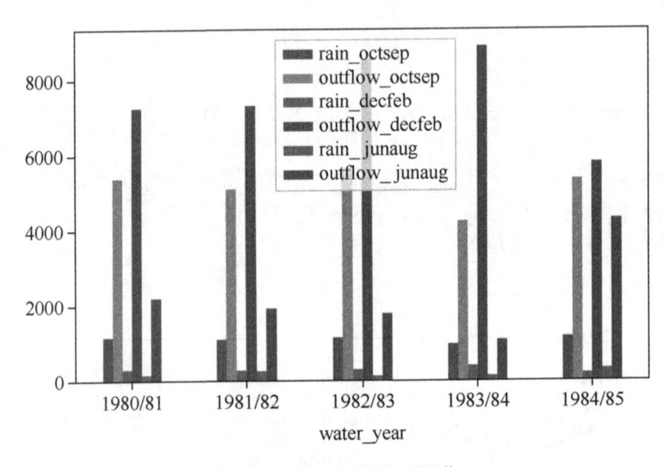

图 2-14 Pandas 数据可视化 2

本章小结

本章介绍了 Python 数据探索和分析“三剑客”——NumPy、Pandas 和 Matplotlib 的基本用法。另外，我们还介绍了神经网络数据表示的重要概念——张量。深度学习的每一步都离不开这 3 个工具。在随书代码仓库中，列出了一些相关的优秀教程的链接，希望读者自行查阅，以进一步掌握这 3 个工具的使用方法。

第3章 从零开始搭建神经网络

在本章中，我们将手动实现一个神经网络。由于本章的重点在于手动实现，不少知识点会一带而过，因此，读者在手动实现过程中若遇到不懂的概念和公式，先不要慌张，请继续按照代码示例实现神经网络。在实现神经网络后，读者可继续向下阅读第 4 章，然后回过头来再看一遍第 3 章的内容，这样就能理解大部分知识点了。对于数学公式及其推导，读者只需要知道哪个阶段用了什么公式，并不要求掌握具体的推导过程。

本章要点：

- 神经元的概念和实现；
- 神经网络的组成；
- sigmoid 激活函数；
- 损失函数和均方误差（MSE）；
- 前向传播和反向传播；
- 随机梯度下降（SGD）。

人工神经网络（Artificial Neural Network，ANN）简称神经网络（NN），是基于生物学中神经网络的基本原理，在理解和抽象了人脑结构和外界刺激响应机制后，以网络拓扑知识为理论基础，模拟人脑的神经系统对复杂信息的处理机制的一种数学模型。神经网络是根植于神经科学、数学、思维科学、人工智能、统计学、物理学、计算机科学及工程科学的一门技术，通常用于解决分类和回归问题，具有并行分布的处理能力、高容错性、智能化和自学习等特征。神经网络本质上是一个由大量简单元件相互连接而成的复杂网络，具有高度的非线性，能够进行复杂的逻辑操作和非线性关系实现。

神经网络由大量的节点（或称神经元）相互连接构成，每个节点表示一种特定的输出函数，称为激活函数（activation function）；每两个节点间的连接对应一个该连接信号的加权值，称为权重（weight），神经网络就是通过这种方式来模拟人类的记忆。网络的输出则取决于网络的结构、网络的连接方式、权重和激活函数。而网络自身通常是对自然界某种算法或者函数的逼近，也可能是对一种逻辑策略的表达，是对传统逻辑学演算的进一步延伸。

在人工神经网络中，神经元处理单元可表示不同的对象，如特征、字母、概念，或者一些有意义的抽象模式。神经网络中处理单元的类型分为3种：输入单元、输出单元和隐单元。输入单元接收外部世界的信号与数据；输出单元实现系统处理结果的输出；隐单元是处在输入单元和输出单元之间，不能从系统外部观察的单元。神经元间的连接权值反映了单元间的连接强度，信息的表示和处理体现在神经网络处理单元的连接关系中。

接下来，我们从零开始搭建一个神经网络。在第4章中，我们将会讲解其中的理论知识。读者也可以先学习第4章的理论知识，再阅读本章内容。本章内容翻译自 Victor Zhou 的博客，已获得 Victor Zhou 授权。

3.1 构建神经元

在介绍神经网络之前，我们先讨论一下**神经元**（neuron）。神经元是神经网络的基本单元。神经元首先获得输入，然后执行某些数学运算，最后产生一个输出。图3-1展示了一个二输入的神经元。

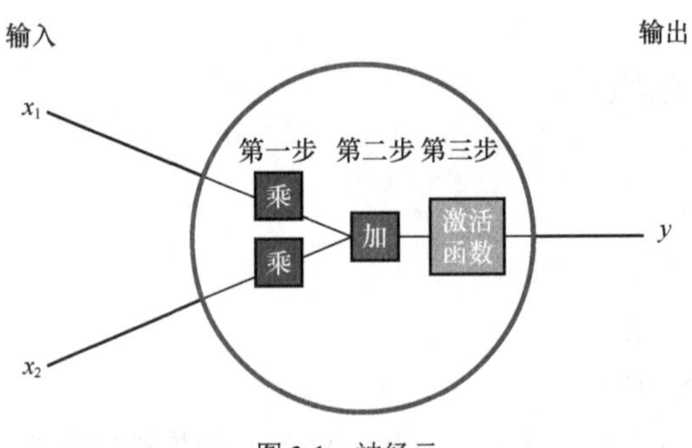

图3-1 神经元

在这个神经元中，输入总共经历了3步数学运算。

第一步：将两个输入乘以**权重**。

$$x_1 \rightarrow x_1 w_1$$

$$x_2 \rightarrow x_2 w_2$$

第二步：把上一步的两个结果相加，再加上一个**偏差**。

$$(x_1 w_1) + (x_2 w_2) + b$$

第三步：将上一步的结果经过**激活函数**处理得到输出。

$$y = f(x_1 w_1 + x_2 w_2 + b)$$

激活函数的作用是将无限制的输入转换为可预测形式的输出。一种常用的激活函数是 **sigmoid 函数**（见图3-2）。

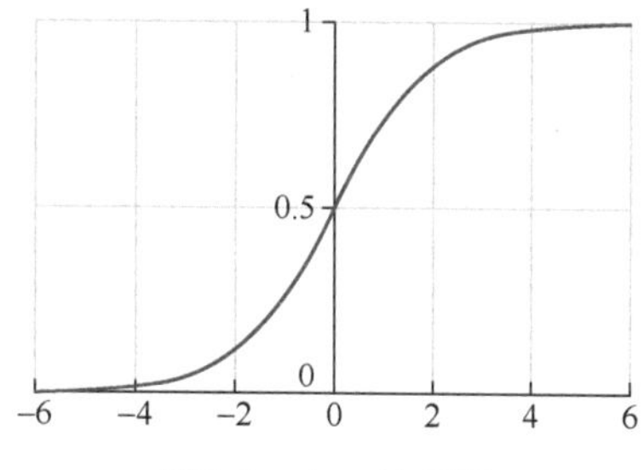

图 3-2 sigmoid 函数

sigmoid 函数的输出范围为(0,1)，我们可以理解为它把 $(-\infty, +\infty)$ 范围内的数压缩到(0,1)。正向数值越大，输出越接近 1；负向数值越大，输出越接近 0。

1. 简单的例子

举个例子，上面神经元里的权重和偏差取如下数值。

$$\boldsymbol{w}=[0,1]$$

$$b=4$$

$\boldsymbol{w}$=[0,1]是 $w_1=0$、$w_2=1$ 的向量形式写法。我们给神经元一个输入 $\boldsymbol{x}$=[2,3]，可以用向量点积的形式把神经元的输出计算出来。

$$\begin{aligned}\boldsymbol{w}\cdot\boldsymbol{x}+b &= (w_1x_1)+(w_2x_2)+b\\ &= 0\times 2+1\times 3+4\\ &= 7\end{aligned}$$

$$y=f(\boldsymbol{w}\cdot\boldsymbol{x}+b)=f(7)=\boxed{0.999}$$

在给定输入 $\boldsymbol{x}$=[2, 3]时，神经元输出 0.999。这个给神经元输入并且获取运算结果的过程称为**前向传播**（forward propagation）。

2. 代码实现：神经元

我们可以用 Python 实现一个神经元的计算过程。

```
import numpy as np

def sigmoid(x: np.ndarray) -> np.ndarray:
    # sigmoid 激活函数: f(x) = 1 / (1 + e^(-x))
    return 1 / (1 + np.exp(-x))

class Neuron:
    def __init__(self, weights: np.ndarray, bias: np.ndarray):
        self.weights = weights
        self.bias = bias
```

```
    def feedforward(self, inputs: np.ndarray) -> np.ndarray:
        # 对权重和输入进行点积，添加偏差
        total = np.dot(self.weights, inputs) + self.bias
        # 使用激活函数处理
        return sigmoid(total)

weights = np.array([0, 1]) # w1 = 0, w2 = 1
bias = 4                   # b = 4
n = Neuron(weights, bias)

x = np.array([2, 3])       # x1 = 2, x2 = 3
print(n.feedforward(x))    # 0.9990889488055994
```

3.2 搭建神经网络

神经网络就是把一堆神经元连接在一起。图 3-3 展示的是一个神经网络的简单示例。

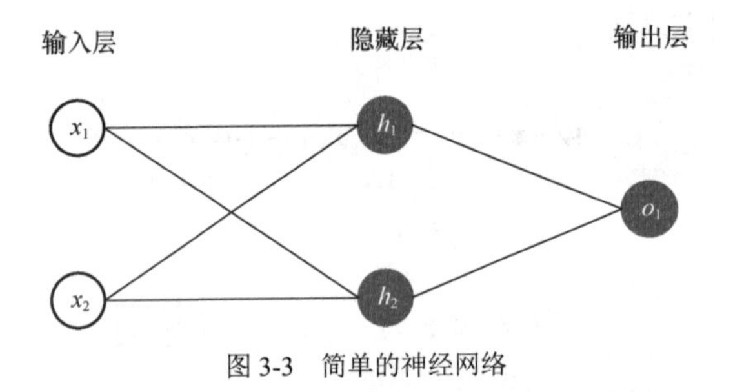

图 3-3 简单的神经网络

这个神经网络有 3 层：输入层包含两个神经元（x_1 和 x_2），隐藏层包含两个神经元（h_1 和 h_2），输出层包含一个神经元（o_1）。其中隐藏层的输入来自输入层，输出层的输入来自隐藏层。

隐藏层是夹在输入层和输出层之间的部分，一个神经网络可以有多个隐藏层。

3.3 前向传播例子

我们假设上面的网络里所有的神经元具有相同的权重 $\boldsymbol{w}$=[0, 1]和偏差 $b=0$，激活函数是 sigmoid。

为了简化，此处假设所有的权重和偏差一样。注意，真实的神经网络模型中不会出现这样的情况。在第 5 章中，我们将讲述具体的细节。

当输入 $\boldsymbol{x}$=[2, 3]时，网络的计算如下。

$$\begin{aligned} h_1 = h_2 &= f(\boldsymbol{w} \cdot \boldsymbol{x} + b) \\ &= f((0 \times 2) + (1 \times 3) + 0) \\ &= f(3) \\ &= 0.9526 \end{aligned}$$

$$\begin{aligned} o_1 &= f(\boldsymbol{w} \cdot [h_1, h_2] + b) \\ &= f((0 \times h_1) + (1 \times h_2) + 0) \\ &= f(0.9526) \\ &= \boxed{0.7216} \end{aligned}$$

根据上面的运算，当输入 $\boldsymbol{x}$=[2,3]时，神经网络输出为 0.7216。其中 h_1 和 h_2 表示隐藏层中两个神经元的输出，o_1 表示输出层中神经元的输出。

神经网络可以有任意数量的层，这些层中可以有任意数量的神经元。但实现的基本思路一致：通过网络中的神经元向前反馈输入以获得最后的输出。为了简单起见，我们将继续使用图 3-3 所示的神经网络来完成本章其余部分的讲解。

我们用 Python 代码实现上述神经网络。

```
import numpy as np

# 神经元的定义代码部分

class OurNeuralNetwork:
    """
    包含以下层的神经网络：
    - 1 个包含 2 个输入的输入层
    - 1 个包含 2 个神经元（h1,h2）的隐藏层
    - 1 个包含 1 个神经元（o1）的输出层
    所有的神经元有同样的权重和偏差：
    - w = [0, 1]
    - b = 0
    """

    def __init__(self):
        weights = np.array([0, 1])
        bias = 0

        # 神经元（Neuron）类来自之前的定义
        self.h1 = Neuron(weights, bias)
        self.h2 = Neuron(weights, bias)
        self.o1 = Neuron(weights, bias)
```

```
    def feedforward(self, x):
        # 使用隐藏层1（h1）前向传播 x，得到结果 out_h1
        out_h1 = self.h1.feedforward(x)
        # 使用隐藏层2（h2）前向传播 x，得到结果 out_h2
        out_h2 = self.h2.feedforward(x)

        # o1 输出层的输入来自 h1 和 h2 的输出
        # out_o1 为 o1 输出层前向传播后的结果
        out_o1 = self.o1.feedforward(np.array([out_h1, out_h2]))

        return out_o1

network = OurNeuralNetwork()
x = np.array([2, 3])
print(network.feedforward(x))  # 0.7216325609518421
```

上述代码的运行结果与上文一致，说明我们成功实现了该神经网络。

3.4 训练神经网络

假设我们有以下数据和图3-4所示的神经网络。

姓名	体重（lb，1lb约为0.45kg）	身高（in，1in约为2.54cm）	性别
Alice	133	65	女
Bob	160	72	男
Charlie	152	70	男
Diana	120	60	女

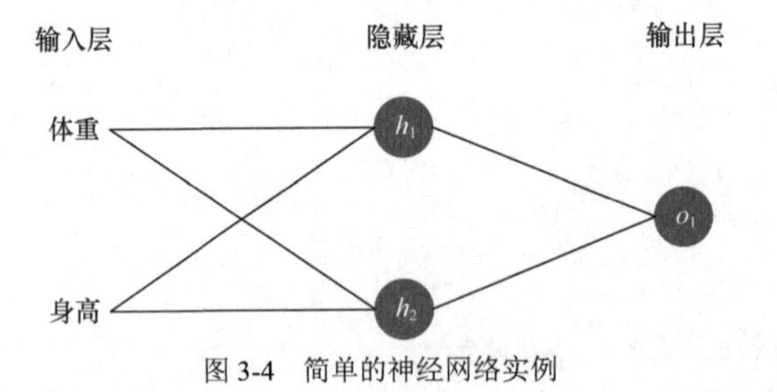

图3-4 简单的神经网络实例

我们使用0代表男性，1代表女性。同时，我们对数据进行变换，以方便使用。变换方式为所有人的体重减去135，身高减去66。

姓名	体重	身高	性别
Alice	−2	−1	1
Bob	25	6	0
Charlie	17	4	0
Diana	−15	−6	1

为了数字清晰和讲解方便，我们选择了 135 和 66 做数据变换，读者完全可以取不同的值做数据变换，只需要保证训练数据的变换和测试时的变换一致。真实项目通常会选择均值进行数据变换。

3.4.1 损失

在训练神经网络之前，我们需要一个标准定义它到底好不好，以便我们进行改进，这个标准就是**损失**（loss）。例如，我们用均方误差（MSE）来定义损失。

$$\text{MSE}=\frac{1}{n}\sum_{i=1}^{n}(y_{\text{true}}-y_{\text{pred}})^2$$

我们来讲解一下这个函数。

- n 是数据数量，在这里是 4（Alice、Bob、Charlie 和 Diana）。
- y 表示被预测的变量。
- y_{true} 表示正确的变量结果，如 Alice 的 y_{true} 是 1（女）。
- y_{pred} 表示神经网络输出的变量结果。

$(y_{\text{true}}-y_{\text{pred}})^2$ 又称为**平方误差**。我们的损失函数只是取所有平方误差的平均值（因此称为均方误差）。我们的预测越好，损失就越低！**训练神经网络就是将损失最小化**。

3.4.2 损失计算实例

假设我们的神经网络每次输出 0，换句话说，它预测所有的人为男性，此时的 loss 为多少？

姓名	y_{true}	y_{pred}	$(y_{\text{true}}-y_{\text{pred}})^2$
Alice	1	0	1
Bob	0	0	0
Charlie	0	0	0
Diana	1	0	1

$$\text{MSE} = \frac{1}{4} \times (1 + 0 + 0 + 1) = \boxed{0.5}$$

下面是计算均方误差的代码实现。

```
import numpy as np

def mse_loss(y_true: np.ndarray, y_pred: np.ndarray) -> np.float:
    # y_true 是与 y_pred 长度相同的 Numpy 数组
    return ((y_true - y_pred) ** 2).mean()

y_true = np.array([1, 0, 0, 1])
y_pred = np.array([0, 0, 0, 0])

print(mse_loss(y_true, y_pred)) # 0.5
```

3.5 优化神经网络

这个神经网络不够好，还要不断优化，尽量**减少损失**。我们知道，改变网络的权重和偏差可以影响预测值，但应该怎么做呢？

本节将会涉及一些多变量微积分的知识。如果读者对微积分不太熟悉，那么可以跳过公式部分，了解完整的过程即可。

为了简单起见，我们把数据集缩减到只包含 Alice 的数据，于是损失函数就剩下 Alice 一个人的方差。

姓名	体重	身高	性别
Alice	−2	−1	1

$$\begin{aligned}\text{MSE} &= \frac{1}{1}\sum_{i=1}^{1}(y_{\text{true}} - y_{\text{pred}})^2 \\ &= (y_{\text{true}} - y_{\text{pred}})^2 \\ &= (1 - y_{\text{pred}})^2\end{aligned}$$

计算损失的另一种方式是利用权重和偏差。我们在网络中标出每个权重和偏差（见图 3-5）。

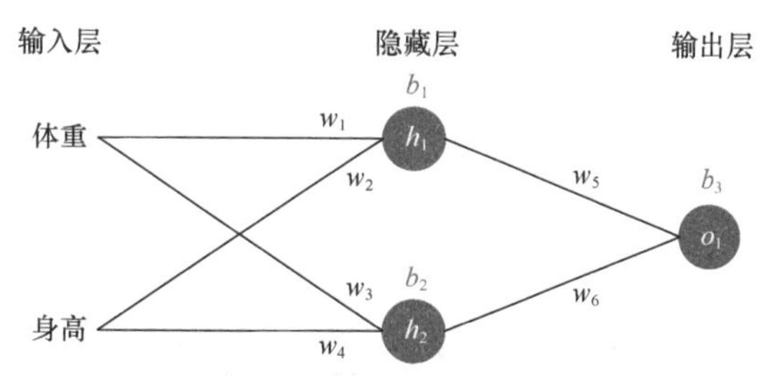

图 3-5 简单的神经网络

我们可以发现，损失函数实际上是包含多个权重和偏差的多元函数

$$L(w_1, w_2, w_3, w_4, w_5, w_6, b_1, b_2, b_3)$$

其中，w_1～w_6 表示权重，b_1～b_3 表示偏差。如果调整一下 w_1，那么，损失函数是变大还是变小？我们只有知道偏导数$\frac{\partial L}{\partial w_1}$是正还是负，才能回答这个问题。根据下面的链式求导法则

$$\frac{\partial L}{\partial w_1} = \frac{\partial L}{\partial y_{\text{pred}}} \frac{\partial y_{\text{pred}}}{\partial w_1}$$

再根据$L = (1 - y_{\text{pred}})^2$ ，可以求得第一项偏导数

$$\frac{\partial L}{\partial y_{\text{pred}}} = \frac{\partial (1 - y_{\text{pred}})^2}{\partial y_{\text{pred}}} = \boxed{-2(1 - y_{\text{pred}})}$$

接下来，我们要想办法计算 $\frac{\partial y_{\text{pred}}}{\partial w_1}$。我们已经知道神经元$h_1$、$h_2$和$o_1$的数学运算规则

$$y_{\text{pred}} = o_1 = f(w_5 h_1 + w_6 h_2 + b_3)$$

f 是之前的 sigmoid 函数。

实际上，只有神经元h_1中包含权重w_1，我们再次运用链式求导法则

$$\frac{\partial y_{\text{pred}}}{\partial w_1} = \frac{\partial y_{\text{pred}}}{\partial h_1} \frac{\partial h_1}{\partial w_1}$$

$$\frac{\partial y_{\text{pred}}}{\partial h_1} = \boxed{w_5 f'(w_5 h_1 + w_6 h_2 + b_3)}$$

使用同样的方法求$\frac{\partial h_1}{\partial w_1}$。

$$h_1 = f(w_1x_1 + w_2x_2 + b_1)$$

$$\frac{\partial h_1}{\partial w_1} = \boxed{x_1 f'(w_1x_1 + w_2x_2 + b_1)}$$

在上面的计算中，我们遇到了两次激活函数 sigmoid 的导数$f'(x)$，sigmoid 函数的导数很容易求得。

$$f(x) = \frac{1}{1 + \mathrm{e}^{-x}}$$

$$f'(x) = \frac{\mathrm{e}^{-x}}{(1 + \mathrm{e}^{-x})^2} = f(x)(1 - f(x))$$

总的链式求导公式如下

$$\frac{\partial L}{\partial w_1} = \frac{\partial L}{\partial y_{\text{pred}}} \frac{\partial y_{\text{pred}}}{\partial h_1} \frac{\partial h_1}{\partial w_1}$$

这种向后计算偏导数的算法称为反向传播（back propagation）。

下面给出一个计算偏导的实例。

上面出现的数学符号太多，下面我们把h_1、h_2和o_1代入实际数值来计算一下。我们继续使用只有 Alice 的数据集。

姓名	体重	身高	性别
Alice	−2	−1	1

我们先把所有的权重初始化为 1，所有的偏差初始化为 0，然后进行前向传播。

$$\begin{aligned} h_1 &= f(w_1x_1 + w_2x_2 + b_1) \\ &= f((-2) + (-1) + 0) \\ &= 0.0474 \end{aligned}$$

$$h_2 = f(w_3x_1 + w_4x_2 + b_2) = 0.0474$$

$$
\begin{aligned}
o_1 &= f(w_5h_1 + w_6h_2 + b_3) \\
&= f(0.0474 + 0.0474 + 0) \\
&= 0.524
\end{aligned}
$$

此时，神经网络的预测结果$y_{\text{pred}} = 0.524$，无法明确判断是男（0）是女（1）。现在的预测效果还很不好。

现在我们计算$\frac{\partial L}{\partial w_1}$。

$$
\frac{\partial L}{\partial w_1} = \frac{\partial L}{\partial y_{\text{pred}}} \frac{\partial y_{\text{pred}}}{\partial h_1} \frac{\partial h_1}{\partial w_1}
$$

$$
\begin{aligned}
\frac{\partial L}{\partial y_{\text{pred}}} &= -2(1 - y_{\text{pred}}) \\
&= -2 \times (1 - 0.524) \\
&= -0.952 \\
\frac{\partial y_{\text{pred}}}{\partial h_1} &= w_5 f'(w_5h_1 + w_6h_2 + b_3) \\
&= 1 \times f'(0.0474 + 0.0474 + 0) \\
&= f(0.0948)(1 - f(0.0948)) \\
&= 0.249 \\
\frac{\partial h_1}{\partial w_1} &= x_1 f'(w_1x_1 + w_2x_2 + b_1) \\
&= -2f'((-2) + (-1) + 0) \\
&= -2f(-3)(1 - f(-3)) \\
&= -0.0904 \\
\frac{\partial L}{\partial w_1} &= (-0.952) \times 0.249 \times (-0.0904) \\
&= \boxed{0.0214}
\end{aligned}
$$

这个结果告诉我们：如果增大w_1，那么损失函数L会有一个非常小的增长。

3.6 随机梯度下降

下面我们将使用一种称为随机梯度下降（Stochastic Gradient Descent，SGD）的优化算法来训练网络。

经过前面的运算，我们已经有了训练神经网络的所有数据，但是该如何操作呢？SGD 定义了改变权重和偏差的方法。

$$w_1 \leftarrow w_1 - \eta \frac{\partial L}{\partial w_1}$$

η是一个常数，称为**学习率**（learning rate），它决定了训练网络速度的快慢。我们将w_1减去$\eta \frac{\partial L}{\partial w_1}$，就得到了新的权重$w_1$。

- 当$\frac{\partial L}{\partial w_1}$是正数时，$w_1$会变小。
- 当$\frac{\partial L}{\partial w_1}$是负数时，$w_1$会变大。

如果我们用这种方法去逐步改变网络的权重w和偏差b，损失函数会缓慢地降低，从而改进我们的神经网络。

训练流程如下：

（1）从数据集中选择一个样本；

（2）计算损失函数对所有权重和偏差的偏导数；

（3）使用更新公式更新每个权重和偏差；

（4）回到第（1）步。

3.7 完整的代码实现

从数据集中选择的样本数据如下。

姓名	体重（减去 135）	身高（减去 66）	性别
Alice	−2	−1	1
Bob	25	6	0
Charlie	17	4	0
Diana	−15	−6	1

根据上述数据，我们用代码完整地实现训练过程。

```
import numpy as np
# 绘制 loss 曲线
import matplotlib.pyplot as plt
# 如果绘制图表不清晰，那么可以设置高的 DPI 值来提高图表清晰度
plt.rcParams['figure.dpi'] = 180
```

```
def sigmoid(x: np.ndarray) -> np.ndarray:
    # sigmoid 激活函数: f(x) = 1 / (1 + e^(-x))
    return 1 / (1 + np.exp(-x))


def deriv_sigmoid(x: np.ndarray) -> np.ndarray:
    # sigmoid 求导: f'(x) = f(x) * (1 - f(x))
    fx = sigmoid(x)
    return fx * (1 - fx)


def mse_loss(y_true: np.ndarray, y_pred: np.ndarray) -> np.float:
    return ((y_true - y_pred) ** 2).mean()


class OurNeuralNetwork:
    """
    包含以下层的神经网络:
      - 1 个包含 2 个输入的输入层
      - 1 个包含 2 个神经元(h1, h2)的隐藏层
      - 1 个包含 1 个神经元(o1)的输出层

    *** 注意 ***:
    下面的代码并不是真正的神经网络代码, 主要是为了演示整个过程,
    但是可以通过这段代码理解此特定神经网络的工作原理
    """

    def __init__(self):
        # 权重
        self.w1 = np.random.normal()
        self.w2 = np.random.normal()
        self.w3 = np.random.normal()
        self.w4 = np.random.normal()
        self.w5 = np.random.normal()
        self.w6 = np.random.normal()

        # 偏差
        self.b1 = np.random.normal()
        self.b2 = np.random.normal()
        self.b3 = np.random.normal()

        # 这里记录 loss, 我们之后用它绘制损失的变化曲线
        self.loss_history = []
```

```
    def feedforward(self, x):
        """
        进行前向传播
        Args:
            x: 前向传播的张量，包含两个元素的 NumPy 数组
        Returns:
            前向传播的结果
        """
        h1 = sigmoid(self.w1 * x[0] + self.w2 * x[1] + self.b1)
        h2 = sigmoid(self.w3 * x[0] + self.w4 * x[1] + self.b2)
        o1 = sigmoid(self.w5 * h1 + self.w6 * h2 + self.b3)
        return o1

    def train(self, data: np.ndarray, all_y_trues: np.ndarray):
        """
        训练过程
        Args:
            data: n*2 的 NumPy 数组，n 是数据的数量
            all_y_trues: 包含 n 个元素的 NumPy 数组
        """
        learn_rate = 0.1
        epochs = 1000  # 循环遍历整个数据集的次数

        for epoch in range(epochs):
            for x, y_true in zip(data, all_y_trues):
                # --- 前向传播
                sum_h1 = self.w1 * x[0] + self.w2 * x[1] + self.b1
                h1 = sigmoid(sum_h1)

                sum_h2 = self.w3 * x[0] + self.w4 * x[1] + self.b2
                h2 = sigmoid(sum_h2)

                sum_o1 = self.w5 * h1 + self.w6 * h2 + self.b3
                o1 = sigmoid(sum_o1)
                y_pred = o1

                # --- 计算偏导数
                # --- 命名规范：如 d_L_d_w1 表示 "偏导数 L / 偏导数 w1"
                d_L_d_ypred = -2 * (y_true - y_pred)

                # 神经元 o1
                d_ypred_d_w5 = h1 * deriv_sigmoid(sum_o1)
                d_ypred_d_w6 = h2 * deriv_sigmoid(sum_o1)
```

```
            d_ypred_d_b3 = deriv_sigmoid(sum_o1)

            d_ypred_d_h1 = self.w5 * deriv_sigmoid(sum_o1)
            d_ypred_d_h2 = self.w6 * deriv_sigmoid(sum_o1)

            # 神经元 h1
            d_h1_d_w1 = x[0] * deriv_sigmoid(sum_h1)
            d_h1_d_w2 = x[1] * deriv_sigmoid(sum_h1)
            d_h1_d_b1 = deriv_sigmoid(sum_h1)

            # 神经元 h2
            d_h2_d_w3 = x[0] * deriv_sigmoid(sum_h2)
            d_h2_d_w4 = x[1] * deriv_sigmoid(sum_h2)
            d_h2_d_b2 = deriv_sigmoid(sum_h2)

            # --- 更新权重和偏差
            # 神经元 h1
            self.w1 -= learn_rate * d_L_d_ypred * d_ypred_d_h1 * d_h1_d_w1
            self.w2 -= learn_rate * d_L_d_ypred * d_ypred_d_h1 * d_h1_d_w2
            self.b1 -= learn_rate * d_L_d_ypred * d_ypred_d_h1 * d_h1_d_b1

            # 神经元 h2
            self.w3 -= learn_rate * d_L_d_ypred * d_ypred_d_h2 * d_h2_d_w3
            self.w4 -= learn_rate * d_L_d_ypred * d_ypred_d_h2 * d_h2_d_w4
            self.b2 -= learn_rate * d_L_d_ypred * d_ypred_d_h2 * d_h2_d_b2

            # 神经元 o1
            self.w5 -= learn_rate * d_L_d_ypred * d_ypred_d_w5
            self.w6 -= learn_rate * d_L_d_ypred * d_ypred_d_w6
            self.b3 -= learn_rate * d_L_d_ypred * d_ypred_d_b3

        # --- 每 10 轮循环计算一次整体的损失
        if epoch % 10 == 0:
            # np.apply_along_axis 函数的主要功能就是对数组里的每一个元素进行变换
            # 下面的函数可以简单地理解为 y_preds = [self.feedforward(i) for i in data]
            # 这里就是对所有的元素进行前向传播，然后计算 loss
            y_preds = np.apply_along_axis(self.feedforward, 1, data)

            loss = mse_loss(all_y_trues, y_preds)
            self.loss_history.append(loss)
            print("Epoch %d loss: %.3f" % (epoch, loss))


# 定义数据集
```

```
data = np.array([
    [-2, -1],  # Alice
    [25, 6],  # Bob
    [17, 4],  # Charlie
    [-15, -6],  # Diana
])
all_y_trues = np.array([
    1,  # Alice
    0,  # Bob
    0,  # Charlie
    1,  # Diana
])

# 训练神经网络
network = OurNeuralNetwork()
network.train(data, all_y_trues)

# 绘制损失的变化曲线
plt.figure()
plt.plot(np.linspace(0, 1000, 100), network.loss_history)
plt.title('Neural Network Loss vs. Epochs')  # 给 x 轴添加标题
plt.xlabel('Epoch')  # 给 x 轴添加标签
plt.ylabel('loss')  # 给 y 轴添加标签
plt.show()
```

随着学习过程的不断推进，损失逐渐减小（见图 3-6）。

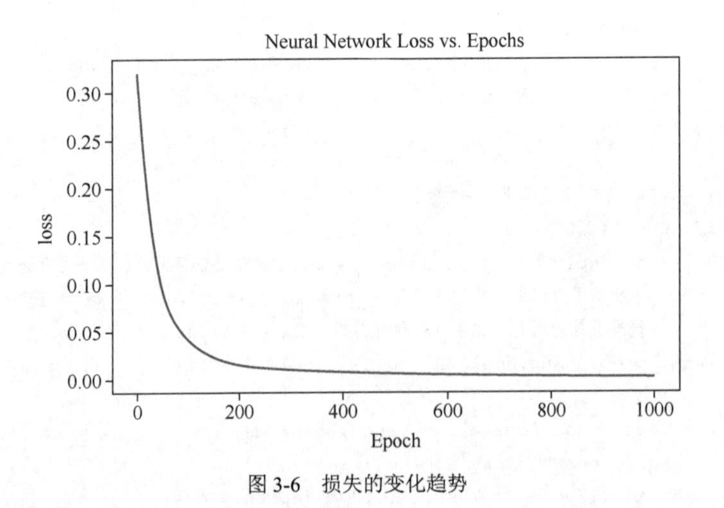

图 3-6 损失的变化趋势

现在我们可以使用该神经网络进行预测。

```
# 尝试预测结果
emily = np.array([-7, -3]) # 128lb, 63in
frank = np.array([20, 2])  # 155lb, 68in
print("Emily: %.3f" % network.feedforward(emily)) # 0.951 - 女性
print("Frank: %.3f" % network.feedforward(frank)) # 0.039 - 男性
```

本章小结

通过对本章的学习，读者应该对神经网络的概念有了初步的了解。此时，有些读者可能有很多疑惑，不用担心，这是很正常的。本章的主要目的是通过动手实现的方式让读者先了解神经网络是如何进行预测和优化的。在第 4 章中，我们将详细讲解其中的概念，以帮助读者逐步消除疑惑。

第4章 深度学习基础

在本章中，读者将学习深度学习的基本概念、模型评估方案，以及如何解决模型的欠拟合、过拟合问题。尽管深度学习中的概念非常多，背后涉及大量的数学知识，但读者在初学阶段不用太过担心。我们建议读者先大体了解这些概念，再通过一个个实践项目深入理解它们。

本章要点：

- 神经网络的基本概念；
- 深度学习的常见术语；
- 深度学习模型评估方法；
- 解决过拟合和欠拟合问题的方案。

4.1 基础概念

4.1.1 神经元

对于神经元的研究由来已久，生物学家在1904年就已经知晓神经元的组成结构。

一个神经元通常具有多个树突，主要用来接收传入信息；而轴突只有一条，轴突尾端有许多轴突末梢，可以给其他多个神经元传递信息。轴突末梢与其他神经元的树突产生连接，从而传递信号。这个连接的位置在生物学上称为“突触”。

人脑中的神经元可以用图4-1进行简单展示。

与人脑类似，人工神经网络中基本的是神经元模型。在生物神经元中，每个神经元与其他神经元相连，当它处于激活状态时，就会向相连的神经元发送化学信号，从而改变其他神经元的状态，如果某个神经元的电量超过某个阈值，那么将被激活，再接着发送信号给其他神经元。

1943年，心理学家McCulloch和数学家Pitts参考生物神经元的结构，发表了抽象的神经元模型（见图4-2），该模型沿用至今。

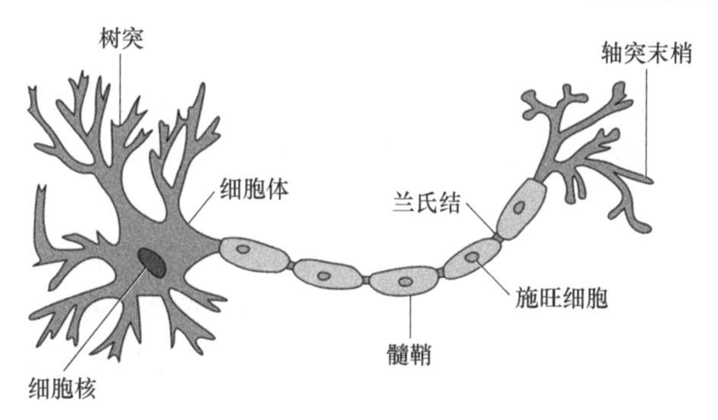

图 4-1 人脑中的神经元

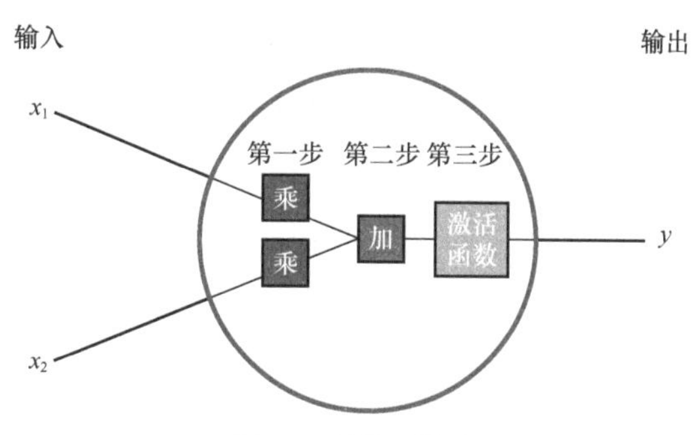

图 4-2 神经元模型

下文提到的各种神经网络都是由这一基本结构组成的，神经网络的任何神经元都可以表述为上述的形式。该神经元主要由输入变量、带权参数和激活函数组成。

1. 神经元权重

神经网络中输入的权重和回归方程中使用的系数非常相似。与线性回归一样，每个神经元也有一个偏差，偏差是改善学习率和防止过拟合的有效方法。图 4-2 中的神经元有两个输入，那么它有两个权重和一个偏差。

在开始训练网络之前，我们需要初始化神经网络的参数。注意，不能把权重初始化为同样的数字，因为如果神经网络中的每个神经元都计算出同样的输出，那么它们就会在反向传播中计算出同样的梯度，从而进行同样的参数更新。换句话说，如果权重被初始化为同样的值，神经元之间就失去了不对称性的源头。因此，权重初始值要非常接近 0 但又不能等于 0。解决方法就是将权重初始化为很小的数值，以此来打破对称性。其思路：如果神经元刚开始的时候是随机且不相等的，那么它们将计算出不同的更新值，并将自身变成整个网络的不同部分。通常权重会被初始化为 0～0.5 的随机值。

2. 激活函数

激活函数是加权输入与神经元输出之间的简单映射。由于它控制神经元激活的阈值和输出信号的强度，因此称为激活函数。

激活函数通常有以下特征。

- 非线性：只有激活函数是非线性的，神经网络才能无限逼近所有的函数。如果多层网络都使用了线性激活函数，那么该神经网络基本等效于单层线性函数，失去了学习和拟合能力。
- 可微性：当优化方法是基本梯度优化时，这个特性是必需的。
- 单调性：当激活函数是单调函数时，单层网络能够保证是凸函数。
- $f(x) \approx x$：当激活函数满足这个性质时，如果参数初始化为很小的随机值，那么神经网络的训练将会很高效；如果不满足这个性质，就需要很用心地设置初始值。
- 输出范围有限：当激活函数输出值是有限的时候，基于梯度的优化方法会更加稳定，这是因为特征的表示受有限权值的影响更显著；当激活函数的输出是无限的时候，模型的训练会更加高效，不过，在这种情况下，一般需要更小的学习率。

常用的激活函数有以下几种（见图4-3）。

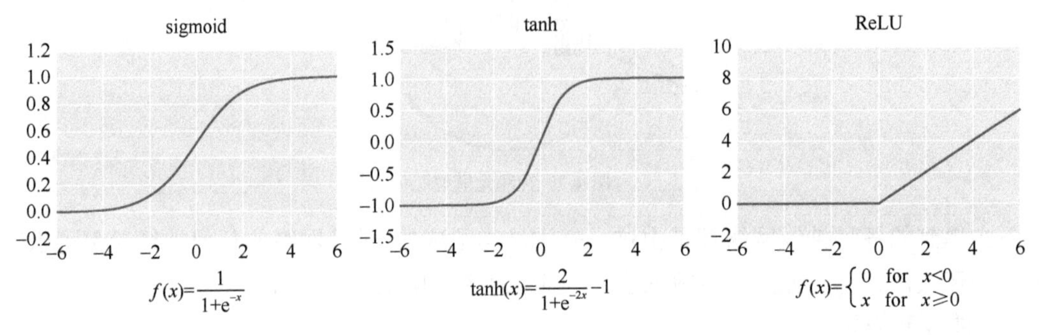

图4-3 常用的激活函数的图像

4.1.2 神经网络

通过上文我们已经了解到，神经网络就是由多个神经元相互连接生成的网络架构，如图4-4所示。

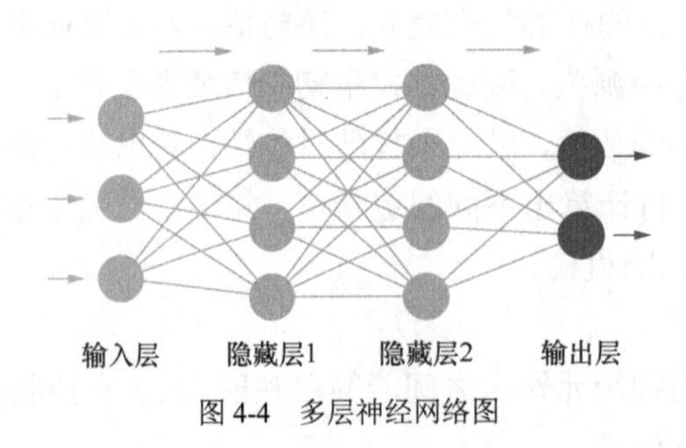

图4-4 多层神经网络图

神经网络有以下特征。

- 输入层：神经网络一般有一个输入层，但也有多输入多输出模型。输入层的节点数往往是固定的，与数据特征维度一致。
- 隐藏层：输入层和输出层中间的层都称为隐藏层。隐藏层既可以只有一个，又可以有多个。每个隐藏层包含的神经元个数也可以自由设定。
- 输出层：输出层用于输出模型预测结果，一般情况下，有一个输出层，但也可以设计多输出模型。节点数量一般与输出特征维度一致。

在设计神经网络的时候，输入层的节点数需要与特征的维度匹配，输出层的节点数要与目标维度匹配。中间的节点数需要设计者自己设定，通常的做法是使用一些经典的经验模型作为baseline 模型，然后在此基础上微调以查看最终的输出结果，保留效果最好的那个模型。

4.1.3 损失函数

神经网络模型的效果及优化的目标是通过**损失函数**（loss function）定义的。损失函数的核心是**真实值**y_{true}和**预测值**y_{pred}的差异。损失函数的值越小，预测结果越接近正确结果，模型越好。

对于常见问题，只需要按照以下原则选择现成的损失函数。对于二分类问题，我们可以使用**二元交叉熵**（binary crossentropy）损失函数；对于多分类问题，我们可以用**分类交叉熵**（categorical crossentropy）损失函数；对于回归问题，我们可以用**均方差**（mean-squared error）等。只有在面对一个全新的问题时，才需要自己定义损失函数。

4.1.4 神经网络训练

在编译好神经网络后，我们需要通过数据来训练神经网络。

1. 数据准备

训练神经网络使用的数据必须是数值型。如果数据中存在其他类型的数据，如图片的分类（狗、猫），那么可以将其转换为独热编码（one-hot encoding）的数值来表达，如狗为 0，猫为 1。其中的输入数据称为**特征**，输出数据称为**标签**。数据的特定实例则称为**样本**。

对于其他类型的数据，也有很多种编码格式，如 Word2Vec Embedding 等，具体内容我们将在实战部分详细讲解。

2. 随机梯度下降算法

梯度（descent）是指损失函数的偏导数。**梯度下降**（gradient descent）是通过计算梯度，并根据梯度更新网络参数来不断降低梯度的过程。**随机梯度下降**是指在模型训练过程中，每次迭代使用一组样本的梯度来代表全部样本的梯度。相比于使用全部样本的梯度的**批量梯度下降**

（Batch Gradient Descent，BGD），在样本量极大的情况下，随机梯度下降不用训练完所有的样本就可以获得一个损失值在可接受范围之内的模型。

3. 权重更新

输入通过神经元的激活函数一直传递到输出，这个过程称为**前向传播**。通过前向传播得到输出后，将输出与预期的输出进行比较，并计算误差。这个误差则通过网络反向传播回来，一次一层，相应的权重则根据它们所导致的误差总数进行更新。这个巧妙的数学运算称为**反向传播**算法。在神经网络的模型训练中，会使用数据重复此过程。通过整个训练数据集对网络进行的一次更新称为一个**轮次**（epoch）。

数据集通常非常大，为了提高效率，在网络更新时，使用少量样本对权重进行更新，也就是说，设置一个相对较小的**批次大小**（batch size）。权重更新由被称为学习率的配置参数控制。学习率也称为步长，它还能控制给定结果误差对网络权重的更新。我们通常使用比较小的学习率，如0.1、0.01或更小。

4.1.5 深度学习的主要术语

深度学习中包含如下很多专业术语，前面我们已经见过其中一些了。

- **特征**（feature）：预测时使用的输入变量。
- **特征集**（feature set）：训练深度学习模型时采用的一组特征。例如，对于某个用于预测房价的模型，邮政编码、房屋面积及房屋状况可以组成一个简单的特征集。
- **标签**（label）：在监督式学习中，标签是指样本的“答案”或“结果”部分。标签数据集中的每个样本都包含一个或多个特征，以及一个标签。例如，在房屋数据集中，特征可能包括卧室数、卫生间数及房龄，而标签则可能是房价；在“垃圾”邮件检测数据集中，特征可能包括主题行、发件人及电子邮件本身，而标签则可能是“垃圾邮件”或“非垃圾邮件”。
- **类别**（class）：为标签枚举的一组目标值中的一个。例如，在检测“垃圾”邮件的二元分类模型中，两种类别分别是“垃圾邮件”和“非垃圾邮件”；在识别狗品种的多类别分类模型中，类别可以是“贵宾犬”“小猎犬”“哈巴犬”等。
- **样本**（example）或**输入**（input）：数据集的一行。一个样本包含一个或多个特征，此外还可能包含一个标签。
  - **有标签样本**（labeled example）：包含特征和标签的样本。在监督式训练中，模型从有标签样本中学习规律。
  - **无标签样本**（unlabeled example）：包含特征但没有标签的样本。无标签样本是用于推断的输入内容。在半监督式学习和非监督式学习中，在训练期间会使用无标签样本。

- **权重**（weight）：线性模型中特征的系数，或者深度网络中的边。训练线性模型的目标是确定每个特征的理想权重。如果权重为 0，则相应的特征对模型来说没有任何贡献。
- **偏差**（bias）：距离原点的截距或偏移。偏差在机器学习模型中用 b 表示。
- **激活函数**（activation function）：一种函数（例如 ReLU 或 sigmoid 函数），用于对上一层的所有输入求加权和，然后生成一个输出值（通常为非线性值），并将其传递给下一层。
- **反向传播**（back propagation）：在神经网络上执行梯度下降法的主要算法。该算法会先按前向传播方式计算（并缓存）每个节点的输出值，再按反向传播遍历图的方式计算损失函数值相对于每个参数的偏导数。
- **批次**（batch）：模型训练的一次迭代（一次梯度更新）中使用的样本集。
- **批次大小**（batch size）：一个批次中的样本数。例如，SGD 的批次大小为 1，而小批次的大小通常介于 10～1000。批次大小在训练和预测期间通常是固定的。不过，TensorFlow 允许使用动态批次大小。
- **轮次**（epoch）：在训练时，整个数据集的一次完整遍历，以便不漏掉任何一个样本。因此，一个轮次表示(N/批次大小)次训练迭代，其中 N 是样本总数。
- **层**（layer）：神经网络中的一组神经元，负责处理一组输入特征或一组神经元的输出。
- **全连接层**（fully connected layer）：一种隐藏层，其中的每个节点均与下一个隐藏层中的每个节点相连。全连接层又称为**密集层**。
- **输入层**（input layer）：神经网络中的第一层（接收输入数据的层）。
- **隐藏层**（hidden layer）：神经网络中的合成层，介于输入层（特征）和输出层（预测）之间。神经网络包含一个或多个隐藏层。
- **学习率**（learning rate）：训练模型时用于梯度下降的一个标量。在每次迭代期间，梯度下降法都会将学习率与梯度相乘，得出的乘积称为梯度步长。
- **指标**（metric）：我们关心的一个数值，可能（也可能不）直接在机器学习系统中得到优化。系统尝试优化的指标称为目标。
- **神经网络**（neural network）：一种模型，灵感来源于脑部结构，由多个层构成（至少有一个是隐藏层），每个层都包含简单相连的单元或神经元（具有非线性关系）。
- **神经元**（neuron）：神经网络中的节点，通常会接收多个输入值并生成一个输出值。神经元通过将激活函数（非线性转换）应用于输入值的加权和来计算输出值。
- **过拟合**（overfitting）：创建的模型与训练数据过于匹配，以致模型无法根据新数据进行正确的预测。
- **参数**（parameter）：深度学习系统自行训练的模型的变量。例如，权重就是一种参数。

它们的值是深度学习系统通过连续的训练迭代逐渐学习到的。

- **预测**（prediction）：模型在收到输入样本后的输出。
- **回归模型**（regression model）：一种模型，能够输出连续的值（通常为浮点值）。注意，分类模型会输出离散值。
- **分类模型**（classification model）：一种机器学习模型，用于区分两种或多种离散类别。例如，某个自然语言处理分类模型可以确定输入的句子是法语还是意大利语。请读者将其与回归模型进行比较。
- **序列模型**（sequence model）：一种模型，其输入具有序列依赖性。例如，根据用户之前观看的一系列视频对观看的下一个视频进行预测。

4.1.6 深度学习的4个分支

通常而言，深度学习大致分为以下4个分支。

1. 监督学习

监督学习是较常见的深度学习类型。给定一组样本，它可以学会将输入数据映射到已知目标。

监督学习主要包括分类和回归，但还有如下变体。

- **序列生成**（sequence generation）：给定一张图像，预测描述图像的文字。
- **语法树预测**（syntax tree prediction）：给定一个句子，预测其分解生成的语法树。
- **目标检测**（object detection）：给定一张图像，在图中特定目标的周围画一个边界框。
- **图像分割**（image segmentation）：给定一张图像，在特定物体上画一个像素级的掩模（mask）。

2. 无监督学习

无监督学习是指在没有目标的情况下寻找输入数据的有序变换，其目的在于数据可视化、数据压缩、数据去噪或更好地理解数据中的相关性。**降维**（dimensionality reduction）和**聚类**（clustering）是常用的无监督学习方法。

无监督学习是我们进行数据分析时的必备技能，在解决监督学习问题之前，为了更好地了解数据集，它通常是一个必要的步骤。

3. 自监督学习

自监督学习是监督学习的一个特例，它是没有人工标注的标签的监督学习。标签仍然存在，但它是从输入数据中生成的，通常是使用启发式算法生成的。

例如**自编码器**（autoencoder），其生成的目标就是未经修改的输入。给定视频中过去的帧来预测下一帧，或者给定文本中前面的词来预测下一个词，这都是自监督学习的例子。

监督学习、自监督学习和无监督学习之间的区别有时很模糊，这 3 个类别更像是没有明确界限的连续体。

4. 强化学习

在强化学习中，**智能体**（agent）接收有关其环境的信息，并学会选择使某种奖励最大化的行动。例如，神经网络会“观察”视频游戏的屏幕并输出游戏操作，目的是尽可能地获得高分。

4.2 评估深度学习模型

当用户训练一个深度学习模型的时候，需要一个指标来告诉用户这个模型的表现好不好，以及到底有多好，这就是模型的评估。理想的情况是模型既在训练数据集表现良好，又能在模型未见过的新数据上表现很好，这样的模型称为可以**泛化**（generalize）的模型。通常，我们通过把数据集拆分成 3 个部分来测试模型的泛化能力，包括**训练集**（training set）、**验证集**（validation set）和**测试集**（test set），流程如下。

（1）使用训练集训练模型。

（2）一个训练轮次结束后，使用验证集验证模型的表现，计算验证损失。

（3）根据验证损失，调节模型参数。

（4）每个轮次重复步骤（1）～（3）。

（5）在多个轮次训练结束之后，使用测试集测试模型的泛化能力。

为什么不直接在训练集上训练模型，然后在测试集上评估模型？因为这样做会导致**信息泄露**（information leak）。虽然模型没有直接使用测试集来训练，但是每一轮次的优化是基于测试集上的表现，模型就知道了如何在测试集获得更好的成绩。这样我们得到了一个在测试集上表现非常好的模型，但是这个结果不能代表模型在新的样本上的表现，只是得到了一个人为优化测试结果的模型。因此，在评测模型泛化能力的时候，一定要使用没有参数训练和验证的样本来测试模型的效果。

下面介绍 3 个经典的模型评估方法：简单的留出验证、*K* 折交叉验证，以及带有打乱数据的随机重复 *K* 折交叉验证。

4.2.1 简单的留出验证

简单的留出验证就是按照一定比例把数据集拆分为训练集、验证集和测试集，适合在数据量比较大且数据分布均匀的时候使用。留出验证（hold-out validate）的示意图如图 4-5 所示。

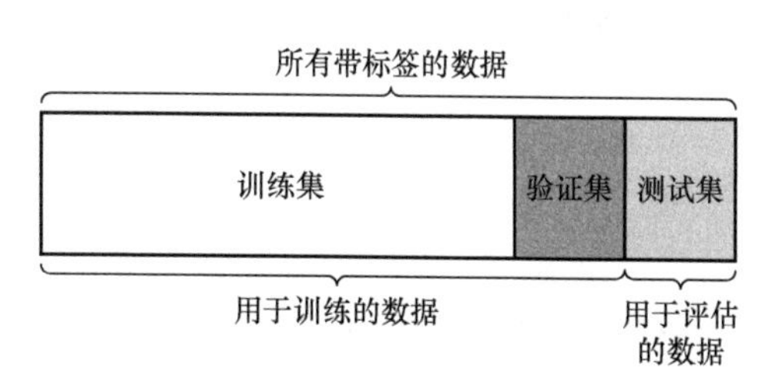

图 4-5　简单的留出验证的数据划分

虽然这个方案简单、方便，但是不适合小数据集。因为小数据集拆分后的验证集和测试集样本太小，所以无法有效地代表数据。对于这种情况，我们可以使用 *K* 折交叉验证和随机重复 *K* 折交叉验证来解决。

4.2.2 *K* 折交叉验证

K 折交叉验证（K-fold cross validation）将数据划分为大小相同的 *K* 个分区，对于每个分区 *i*，在剩余的 *K*−1 个分区上训练模型（训练集和验证集），然后在分区 *i* 上评估模型。最终分数等于 *K* 个分数的平均值。

K 折交叉验证的示意图如图 4-6 所示。

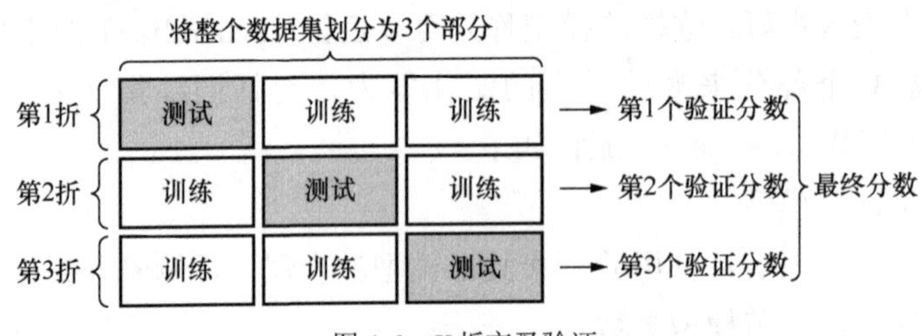

图 4-6 *K* 折交叉验证

4.2.3 随机重复 *K* 折交叉验证

如果我们想得到更加准确的评估结果，那么可以使用**随机重复 *K* 折交叉验证**（iterated K-fold cross validation with shuffling）。具体做法是 *n* 次使用 *K* 折交叉验证，在每次将数据划分为 *K* 个分区之前先将数据打乱，最终分数是多次 *K* 折交叉验证后求得的均值。每次随机可以避免数据顺序导致的数据不均衡问题。例如，一个有序与分类数据，前 80%的数据包含分类 1～分类 4 的样本，而留出的测试集只包含分类 5 的样本。但是，由于需要进行 $K \times n$ 次运算，因此计算成本很高。

4.2.4 模型评估的注意事项

在选择模型评估方法时，需要注意以下两点。

- **数据代表性**（data representativeness）：验证集和测试集的数据要能够代表全局数据的特征。
- **数据冗余**（data redundancy）：确保训练集和验证集没有交集。

4.3 过拟合和欠拟合

在深度学习中，模型的训练过程其实就是对我们的数据集进行一个适合的**拟合**（fitting）的过程。理想的情况就是通过对训练集进行拟合，找到数据特征规律，且这个规律能在模型未见过的新数据集上有比较好的表现。训练过程将不断**优化**（optimize）模型的参数，以至于模型预测更加匹配训练集上的预期结果，但是，有时模型学习了太多训练集的特征，就会导致模型的**泛化**能力不佳，也就是说，模型在新的数据上表现不好。

模型的训练通常会经过以下几个步骤。

（1）开始训练时，模型在训练集和验证集上表现都很差，损失很高。此时模型处于**欠拟合**（underfitting）状态，即没有学到有效特征。

（2）训练一段时间后，模型在训练集和验证集上的损失降低到一定水平且不再下降，此时模型是**适当拟合**状态。模型在训练集和验证集都有比较好的表现，有一定的泛化能力。

（3）再继续训练一段时间，模型在训练集上的损失继续下降，但是验证集上的损失开始上升，此时模型开始**过拟合**。模型在训练集有了更好的表现，但是在验证集表现就不如之前，泛化能力下降。

深度学习模型通常很擅长拟合训练数据，因此我们需要重点关注的是模型的泛化能力，即如何避免过拟合。通俗来讲，过拟合就是模型学习了太多的非关键特征。什么是非关键特征呢？例如狗猫分类问题，关键特征是动物的脸型和体型，非关键特征是动物所在的背景、图像亮度和图像角度等。防止模型学习到非关键特征的最优解决方案就是提供足够多的数据，例如提供狗和猫在不同背景、不同角度下的大量的图像。这样模型就能学习到关键特征，泛化能力自然就会好。但是，实际上，获取数据的成本很高，几乎不可能有足够量的数据。在这种情况下，通过调节模型允许存储的信息量，或对模型允许存储的信息加以约束来解决过拟合问题。下面介绍几个常用的解决过拟合问题的方法。这些方法几乎适用于所有的深度学习问题。降低过拟合的方法也称为**正则化**（regularization）。

4.3.1 减小神经网络模型的大小

具体来说，模型学习到的特征就是每个神经元学习到的参数。神经元越多，参数越多，模型可以学习更多的特征，因此模型的参数数量称为模型的**容量**（capacity）。出现过拟合最主要的原因就是模型学习了过多的特征，那么，限制模型学习过多的特征比较简单的方法就是减少模型的容量。通过减小神经网络模型的大小，迫使神经网络在拟合过程中关注关键特征。

目前还没有一个具体的最佳方案来确定模型的层数或者每一层的神经元数量，因此我们必须根据具体的数据集来调整模型的大小。通常的方案是构建一个基础模型，然后在这个基础上对模型层数和神经元数量进行增加或减少，以确定适当的神经网络容量。通常，神经网络的容量越大，它拟合训练数据的速度就越快，但也更容易过拟合。

4.3.2 添加权重正则化

奥卡姆剃刀（Occam's razor）**原理**：如果一件事情有两种解释，那么最有可能正确的解释就是最简单的那个。这个原理也适用于神经网络学到的模型，给定一些训练数据和一种网络架构，很多模型可以解释这些数据。简单模型比复杂模型更不容易过拟合。

这里的**简单模型**（simple model）是指参数值分布的熵更小的模型（或参数更少的模型）。因此，一种常见的降低过拟合的方法就是强制让模型权重只能取较小的值，从而限制模型的复杂度，这使得权重值的分布更加**有规律**（regular）。这种方法称为**权重正则化**（weight regularization）。其实现方法是向网络损失函数中添加与较大权重值相关的**成本**（cost），有以下两种形式。

- **L1 正则化**（L1 regularization）：添加的成本与权重系数的绝对值（权重的 L1 范数）成正比，更容易得到稀疏权重。
- **L2 正则化**（L2 regularization）：添加的成本与权重系数的平方（权重的 L2 范数）成正比，更容易得到平滑权重。

一般情况下，即使两个模型的参数个数相同，具有 L2 正则化的模型也更不容易过拟合。

4.3.3 添加 Dropout 正则化

Dropout 是另一个非常有效的正则化方法。简单来说，Dropout 是指在训练过程中随机忽略一部分神经元，使用剩下的神经元进行训练。Dropout 通过引入噪声，打破不显著的偶然模式，从而降低过拟合。

本章小结

本章主要讲解了深度学习的一些概念和方法，包括神经网络、模型评估，以及解决过拟合和欠拟合问题的常用方法等。这些内容将在后面的章节中被用到，读者在遇到相关问题时可以重新查看本章内容。在第 5 章中，我们将通过一个深度学习的经典实例——泰坦尼克号幸存者预测，让大家以代码实践的方式，对深度学习有一个更直观的认识。

第 5 章 泰坦尼克号幸存者预测

本章将通过搭建一个神经网络模型，帮助读者了解深度学习的工作流程。如果读者能够按照本章的代码重现实验结果，完成“泰坦尼克号幸存者预测”项目，就达成了本章的学习目标。

本章要点：

- 深度学习的工作流程；
- 深度学习的数据处理；
- 模型的搭建和训练；
- 使用模型预测；
- 实现 K 折交叉验证。

泰坦尼克号的沉没是历史上最著名的沉船事件之一。1912 年 4 月 15 日，在泰坦尼克号的处女航中，它与冰山相撞后沉没，乘客和船员共有 1500 多人死亡。这场悲剧震惊了国际社会，此后针对船舶制定了更严格的安全规定。

下面我们用深度学习的方案预测乘客是否能够幸存。

5.1 处理数据集

相关数据集已经下载到随书代码仓库 data/titanic/目录下，其中包含以下两个文件。

- **train.csv**：训练数据集，用于建模。
- **test.csv**：测试数据集，用于检验模型的准确度。

数据字段的说明见表 5-1。

表 5-1 数据字段的说明

字　段	说　明	取　值
PassengerId	乘客编号	1～891
Survived	生还情况	0 表示遇难，1 表示幸存

续表

字　段	说　明	取　值
Pclass	客舱等级	1 表示 Upper，2 表示 Middle，3 表示 Lower
Name	乘客姓名（含 Title）	如 Braund, Mr. Owen Harris
Sex	性别	male 或 female
Age	年龄	数字
SibSp	兄弟姐妹及配偶的个数	0～8
Parch	父母或子女的个数	0～6
Ticket	船票号	如 A/5 21171
Fare	票价	如 7.25
Cabin	舱位	如 C85
Embarked	登船口岸	S、C、Q

1. 导入基本库

我们首先导入前面提到的 NumPy、Pandas 和 Matplotlib，后续用来读取、分析和预处理数据集。

```
# 导入几个基本库
import pandas as pd
import numpy as np
import matplotlib.pyplot as plt

%matplotlib inline
plt.rcParams['figure.dpi'] = 180
```

2. 读取训练数据集

我们用 Pandas 读取 CSV 格式的训练数据集，然后打印前 5 条数据，如图 5-1 所示。

```
df = pd.read_csv('data/titanic/train.csv')
df.head()
```

```
df = pd.read_csv('data/titanic/train.csv')
df.head()
```

	PassengerId	Survived	Pclass	Name	Sex	Age	SibSp	Parch	Ticket	Fare	Cabin	Embarked
0	1	0	3	Braund, Mr. Owen Harris	male	22.0	1	0	A/5 21171	7.2500	NaN	S
1	2	1	1	Cumings, Mrs. John Bradley (Florence Briggs Th...	female	38.0	1	0	PC 17599	71.2833	C85	C
2	3	1	3	Heikkinen, Miss. Laina	female	26.0	0	0	STON/O2. 3101282	7.9250	NaN	S
3	4	1	1	Futrelle, Mrs. Jacques Heath (Lily May Peel)	female	35.0	1	0	113803	53.1000	C123	S
4	5	0	3	Allen, Mr. William Henry	male	35.0	0	0	373450	8.0500	NaN	S

图 5-1　训练数据集

3. 分析数据集

我们先计算一下 Survived 列的平均值，可以看到总体生还率为 0.4045。

```
df['Survived'].mean()
```

按照客舱等级分组后可以看到，客舱等级分组越高，生还率越高（见图 5-2）。

```
calss_grouping = df.groupby('Pclass').mean()
calss_grouping
```

Pclass								
1	464.157609	0.652174	0.451087	38.097826	0.456522	0.413043	88.048121	0.423913
2	447.156069	0.479769	0.427746	29.855491	0.427746	0.404624	21.471556	0.109827
3	441.219718	0.239437	0.287324	25.115493	0.585915	0.456338	13.229435	0.250704

图 5-2 按照客舱等级分组

按照客舱等级和性别分组后，可以看到所有仓位的女性生还率均高于男性（见图 5-3）。

```
class_sex_grouping = df.groupby(['Pclass','Sex']).mean()
class_sex_grouping['Survived'].plot.bar()
```

按照年龄分组后，可以看到 0～10 岁的小孩生还率最高（见图 5-4）。

```
group_by_age = pd.cut(df["Age"], np.arange(0, 90, 10))
age_grouping = df.groupby(group_by_age).mean()
age_grouping['Survived'].plot.bar()
```

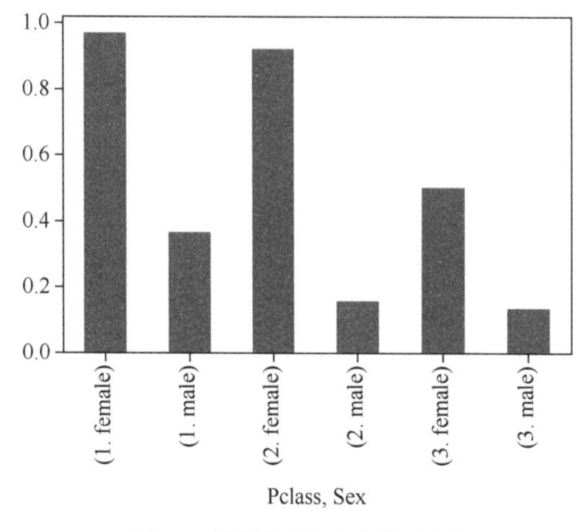

图 5-3 按照客舱等级和性别分组

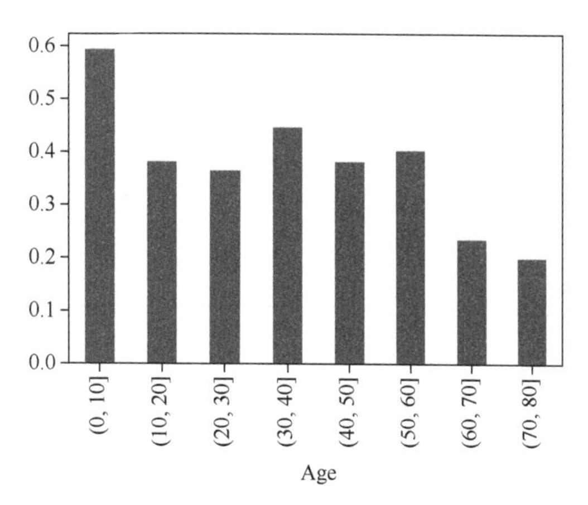

图 5-4 按照乘客年龄分组

4. 预处理数据集

我们先简单处理数据，准备模型的输入和输出，步骤如下。

（1）复制一个新的数据集，这样原始数据集不会被修改。

（2）丢弃缺失年龄、性别、登船口岸和票价信息的数据。

（3）把性别转换成数字表示。

（4）把登船口岸转换成数字表示。

（5）丢弃我们不需要的字段。

```
def preprocess_dataset(data_frame):
    # 复制一个新的数据集，这样原始数据集不会被修改
    data_frame = data_frame.copy()

    # 丢弃缺失年龄、性别、登船口岸和票价信息的数据
    data_frame = data_frame.dropna(subset=['Age', 'Sex', 'Embarked', 'Fare'])

    # 把性别从male和female分别转换成0和1
    data_frame.Sex = data_frame.Sex.replace(['male', 'female'], value=[0, 1])

    # 把登船口岸从S、C、Q分别转换成0、1、2
    data_frame.Embarked = data_frame.Embarked.replace(['S', 'C', 'Q'], value=[0, 1, 2])

    # 丢弃我们不需要的字段
    data_frame = data_frame.drop(columns=['Name', 'Ticket', 'Cabin', 'PassengerId'])
    return data_frame

train_data = preprocess_dataset(df)
```

处理后的数据集如图5-5所示。

	Survived	Pclass	Sex	Age	SibSp	Parch	Fare	Embarked
0	0	3	0	22.0	1	0	7.2500	0
1	1	1	1	38.0	1	0	71.2833	1
2	1	3	1	26.0	0	0	7.9250	0
3	1	1	1	35.0	1	0	53.1000	0
4	0	3	0	35.0	0	0	8.0500	0

图5-5 处理后的数据集

现在我们已经处理好了数据，最后一步需要把标签和特征数据集拆分。

```
train_labels = train_data.pop('Survived')
```

此时 train_labels 是一个形状为(712,)的 Series 对象，train_data 是一个形状为(712,7)的 DataFrame 对象。

5.2 定义模型

在本章中，我们创建一个序贯模型（sequential model）来预测乘客是否能够生存。首先确保模型输入层有正确的输入维度，使用 input_dim 参数创建第一层，并设置为 7，表示输入层有 7 个变量。

在 tf.keras 中，使用 Dense 类定义完全连接的层。我们可以将层中的神经元数量（unit）指定为第一个参数，指定激活函数的 activation 作为第二个参数。默认 Dense 层的权重（kernal）[1] 随机初始化为 0～0.05 的随机数。偏差（bias）默认初始化为 0。

使用 ReLU 作为前两层的激活函数，使用 sigmoid 作为输出层的激活函数。根据作者的经验，在不知道选什么激活函数时，就选择 ReLU，可以得到更好的性能。二分模型通常选择 sigmoid 作为激活函数，因此本例中使用 sigmoid 函数。

```
import tensorflow.keras as keras

# L 代表 keras.layers，方便后续调用
L = keras.layers

model = keras.Sequential([
    # 添加一个包含 24 个神经元的全连接层，输入维度为 7
    # 该层的输出将作为下一层的输入，输出维度根据下一层的定义进行调整，因此，此层的输出维度为 12
    L.Dense(24, input_dim=7, activation='relu', name='input_layer'),
    # 添加一个包含 12 个神经元的全连接层，上层的输出为本层的输入
    L.Dense(12, activation='relu', name='hidden_layer'),
    # 添加一个包含 1 个神经元的全连接层，使用 sigmoid 函数来确保网络输出介于 0 和 1
    L.Dense(1, activation='sigmoid', name='output_layer')
])
```

5.3 编译模型

在定义好模型后，就可以编译这个模型了。

在编译过程中，tf.keras 会根据机器硬件自动选择最好的方式去表现用于训练和预测的神经网络，比如选择 CPU、GPU 或者分布式。编译时，还需要额外定义训练网络所需要的参数。训练过程是指寻找最优的权重集去预测。

---

1 在 tf.keras 的定义中，一个层的权重包括特征张量的权重和偏差。为了区分二者，定义特征张量的权重为 kernal，偏差为 bias。

在编译时，我们需要指定以下3个参数。

- **损失函数**（loss）：用于评估一组权重预测的结果和实际结果偏差的函数。对于二分类问题，一般选择 binary_crossentropy。
- **优化器**（optimizer）：用于搜索网络中最优权重的优化器，我们选择目前公认的高效优化器 adam。
- **指标**（metrics）：由于是二分类问题，因此选择准确度作为指标。

```
model.compile(loss='binary_crossentropy', optimizer='adam', metrics=['accuracy'])
```

在编译完成后，可以通过调用 model.summary()方法打印模型概述信息，即得到下面的输出。

```
Model: "sequential_1"
_________________________________________________________________
Layer (type)                 Output Shape              Param #
=================================================================
input_layer (Dense)          (None, 24)                192
_________________________________________________________________
hidden_layer (Dense)         (None, 12)                300
_________________________________________________________________
output_layer (Dense)         (None, 1)                 13
=================================================================
Total params: 505
Trainable params: 505
Non-trainable params: 0
_________________________________________________________________
```

上面的概述信息包含了每一个层的名字、类型、输出形状，以及这一层包含的参数的数量。可以看到，我们的模型总共有505个需要训练的参数。

我们也可以使用 keras.utils.plot_model()方法绘制模型图（见图5-6）。

为了后续重用代码方便，我们定义 build_model()方法来构造模型。

```
def build_model()-> keras.Sequential:
    model = keras.Sequential([
        # 添加一个包含 24 个神经元的全连接层，输入维度为 7
        # 该层的输出将作为下一层的输入，输出维度根据下一层的定义进行调整，因此，此层的输出维度为 12
        L.Dense(24, input_dim=7, activation='relu', name='input_layer'),
        # 添加一个包含 12 个神经元的全连接层，上层的输出为本层的输入
        L.Dense(12, activation='relu', name='hidden_layer'),
        # 添加一个包含 1 个神经元的全连接层，使用 sigmoid 函数来确保网络输出介于 0 和 1
        L.Dense(1, activation='sigmoid', name='output_layer')
    ])
    model.compile(loss='binary_crossentropy', optimizer='adam', metrics=['accuracy'])
    return model
```

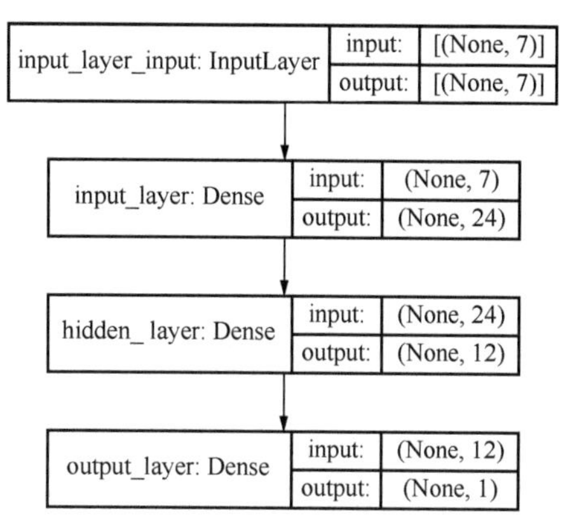

图 5-6 模型可视化

5.4 训练模型

模型编译完成后就可以用于计算了。通过编译，完成了神经网络内部参数的随机初始化，其实此时就可以调用模型进行预测了，但是因为没有训练，所以输出结果是随机的，于是需要先对模型进行训练。

模型训练使用 fit()函数来实现。我们先简单了解一下训练必需的几个参数。

- ***x***：第一个参数，模型输入，NumPy 数组或者 Pandas 对象。
- ***y***：第二个参数，模型输出，NumPy 数组或者 Pandas 对象。
- **epochs**：训练轮次。一个轮次是对整个输入数据的一次迭代。我们先选择 50，如果拟合不好，则可以适当增加。
- **batch_size**：模型将数据分成较小的批次，并在训练期间迭代这些批次。此参数指定每个批次的数组数量。默认值为 32。

```
model.fit(train_data.values, train_labels.values, epochs=20)
```

这里的 train_labels 是一个形状为(712,)的 Series 对象，train_data 是一个形状为(712, 7)的 DataFrame 对象。调用 fit()方法传入 train_data.values 作为特征，train_labels.values 作为标签进行训练，其中 train_data 和 train_labels 通过 values 属性各自获取了一个 NumPy 数组形式的值。

运行上述代码后，模型训练就开始了，可以看到如下输出。因为数据量非常小，模型结构很简单，所以很快就训练完了。

```
Epoch 1/50
569/569 [==============================] - 0s 283us/sample - loss: 5.8050 - accuracy: 0.6046
Epoch 2/50
569/569 [==============================] - 0s 64us/sample - loss: 4.3582 - accuracy: 0.6081
```

```
Epoch 3/50
569/569 [==============================] - 0s 86us/sample - loss: 3.0167 - accuracy: 0.6116
Epoch 4/50
569/569 [==============================] - 0s 66us/sample - loss: 1.4304 - accuracy: 0.6151
....
```

5.5 评估模型

我们在 4.2 节介绍了几个模型评估方案。因为我们的数据集很小，所以用 *K* 折交叉验证方法验证。这里，我们用 sklearn 提供的 KFold()方法来实现 *K* 折交叉验证。

首先，使用 pip 方式安装 sklearn，代码如下。

```
pip install sklearn
```

在安装好 sklearn 后，我们用一个简单的数据集学习 KFold()方法。

```
from sklearn.model_selection import KFold

data_set = [1,2,3,4,5,6,7,8,9]

# 初始化一个 KFold 对象，n_splits 表示分区数量
kfold = KFold(n_splits=3)

for train, test in kfold.split(data_set, None):
    print(f'train: {train}, test: {test}')
```

上述代码执行后输出如下日志，可以看到，每次取 1/3 的数据作为测试数据，剩下的作为训练数据。注意，这里返回的不是测试对象，而是索引，我们还需要使用索引从原始数据集读取具体的数据。

```
train: [3 4 5 6 7 8], test: [0 1 2]
train: [0 1 2 6 7 8], test: [3 4 5]
train: [0 1 2 3 4 5], test: [6 7 8]
```

我们还可以用 KFold 类实现随机重复 *K* 折交叉验证，只需要在初始化 KFold 类的对象的时候设置 shuffle 属性为 True，其他的用法和之前一致。

```
kfold_random = KFold(n_splits=3, shuffle=True)
```

现在，我们用 KFold 类的对象在泰坦尼克号相关数据上实现 *K* 折交叉验证。首先初始化一个 KFold 类的对象，使用这个对象迭代我们的数据。在每一次迭代时，初始化一个 model 对象，使用训练数据集训练并且用验证数据计算准确率。

```python
# 处理原始数据集
train_data = preprocess_dataset(df)

# 保存准确率列表和模型训练记录的数组
accuracy_list = []
history_list = []

# 这里我们把数据分成 5 个分区
kfold = KFold(n_splits=5)

for train_index, test_index in kfold.split(train_data, None):

    # 使用数据索引获取训练数据和测试数据
    # 注意，这里使用 copy()方法是因为我们会对这个数据进行编辑
    # 使用 copy()方法后不会修改原始数据
    train = train_data.iloc[train_index].copy()
    test =  train_data.iloc[test_index].copy()

    train_label = train.pop('Survived')
    test_label = test.pop('Survived')

    # 获取新的模型
    model = build_model()
    # 训练数据并获取训练记录
    # validation_split 表示我们随机取 20%的数据用于验证，剩余数据用于训练
    history = model.fit(train.values,
                        train_label.values,
                        validation_split=0.2,
                        verbose=0,
                        epochs=100)

    # 使用测试数据集测试模型
    loss, accuracy = model.evaluate(test.values, test_label.values)
    accuracy_list.append(accuracy)
    history_list.append(history)

print(accuracy_list)
```

上面的代码运行结束后输出[0.73426574, 0.7902098, 0.7394366, 0.75352114, 0.8309859]，其中最高准确率为 0.8309859，最低准确率为 0.73426574，可见将不同的分区作为测试数据集确实有比较大的差异。我们将上述准确率取平均值，得到的准确率为 76.97 %。

tf.keras 模块的 fit()方法会返回一个 History 类的对象。该对象的 history 属性是连续 epoch 训练损失和评估值，以及验证集损失和评估值的记录。现在，我们用 Matplotlib 评估可视化训

练过程中的准确率，结果如图 5-7 所示。

```
plt.figure()
# 设定子图大小
plt.subplots(figsize=(10,9))
for index, his in enumerate(history_list):
    plt.subplot(3, 2, index + 1)
    plt.plot(his.history['accuracy'], label='accuracy')
    plt.plot(his.history['val_accuracy'], label='val_accuracy')
    plt.legend()
    plt.title(f'k split {index}') # 添加图形标题
plt.show()
```

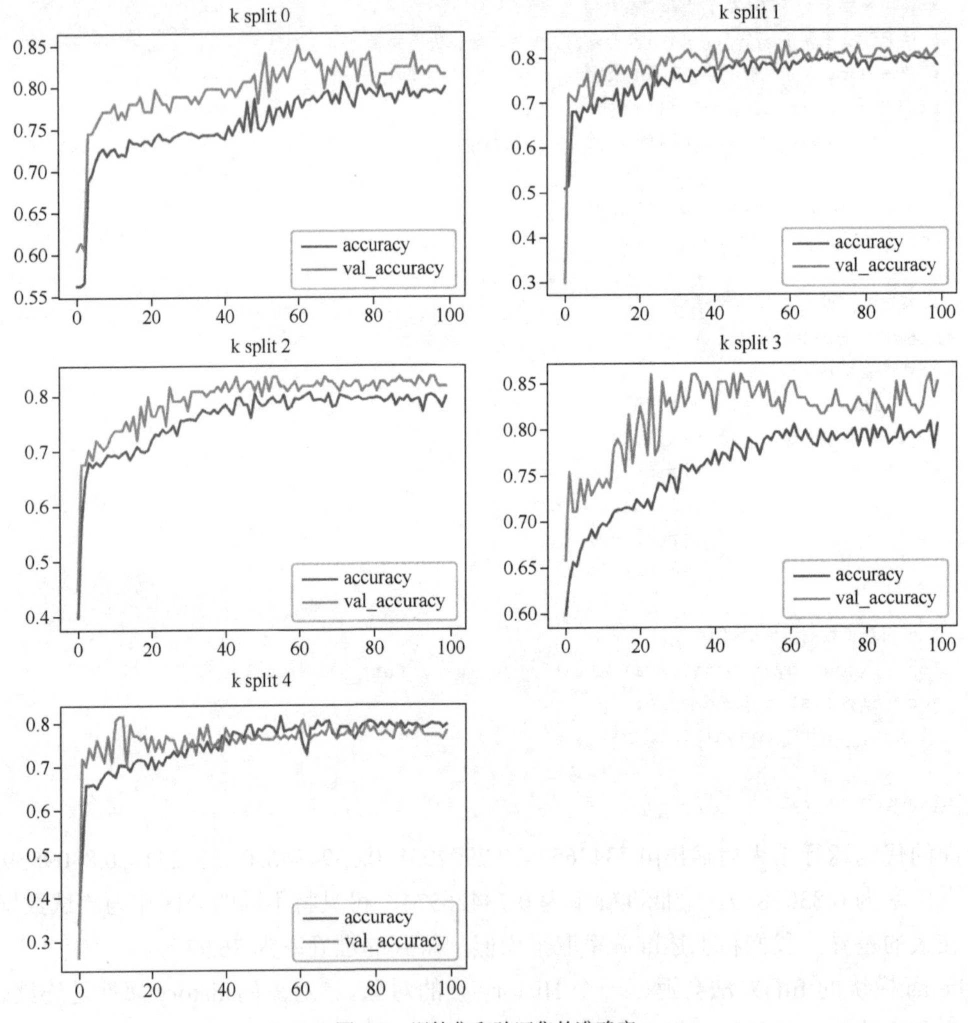

图 5-7 训练集和验证集的准确率

到目前为止，我们已经实现了模型的定义和评估，可以把这个模型作为基线模型（baseline model），然后调整每个层的神经元数量或者增加隐藏层来观察超参数对该模型最终准确率的影响。

5.6 预测

该模型训练好了，并且达到了76.97%的准确率，我们预测一下测试数据集里的样本。预测方法很简单，只需要调用predict()方法。

```
# 读取测试数据
raw_test_df = pd.read_csv('data/titanic/test.csv')
# 处理测试数据集，训练数据和测试数据的特征要用同样的处理方法
# 这样才能获取正确的预测结果
test_df = preprocess_dataset(raw_test_df)
```

处理后的测试数据集如图5-8所示。

	Pclass	Sex	Age	SibSp	Parch	Fare	Embarked
0	3	0	34.5	0	0	7.8292	2
1	3	1	47.0	1	0	7.0000	0
2	2	0	62.0	0	0	9.6875	2
3	3	0	27.0	0	0	8.6625	0
4	3	1	22.0	1	1	12.2875	0

图5-8 处理后的测试数据集

调用predict()方法预测前10条数据的结果如下。可以看到，结果为(10, 1)的NumPy数组，10代表有10个样本，1表示每个样本有一个输出标签。由于这是二分类问题，因此概率大于或等于0.5时表示分类1，小于0.5时表示分类0。

```
model.predict(test_df[:10].values)
# 输出结果如下
# array([[0.06904048],
#        [0.24314526],
#        [0.0431191 ],
#        [0.10781622],
#        [0.4768371 ],
#        [0.1784434 ],
#        [0.54032946],
#        [0.17432398],
```

```
#         [0.6710826 ],
#         [0.08492716]], dtype=float32)
```

tf.keras 还为序贯模型提供了方法 predict_classes()来简化预测过程。通过这个结果可以看出，前 10 位乘客只有两位可能幸存。

```
model.predict_classes(test_df[:10].values)
# array([[0],
#        [0],
#        [0],
#        [0],
#        [0],
#        [0],
#        [1],
#        [0],
#        [1],
#        [0]], dtype=int32)
```

5.7 代码汇总

我们已经体验了包含数据处理、模型定义、模型编译、模型训练和模型评估在内的整个流程。可以看到，其实使用 tf.keras 定义一个模型非常简单，整个模型核心代码只有 7 行。下面我们把数据处理和模型相关代码整合在一起，方便读者回顾整个过程。

```
import pandas as pd
import numpy as np
import matplotlib.pyplot as plt

%matplotlib inline

# 定义数据处理方法
def preprocess_dataset(data_frame):
    # 先复制一个新的数据集，这样我们的原始数据集不会被修改
    data_frame = data_frame.copy()

    # 丢弃缺失年龄、性别、登船口岸和票价信息的数据
    data_frame = data_frame.dropna(subset=['Age', 'Sex', 'Embarked', 'Fare'])

    # 把性别从 male、female 分别转换成 0 和 1
    data_frame.Sex = data_frame.Sex.replace(['male', 'female'], value=[0, 1])

    # 把登船口岸从 S、C、Q 分别转换成 0、1、2
    data_frame.Embarked = data_frame.Embarked.replace(['S', 'C', 'Q'], value=[0, 1, 2])
```

```
    # 丢弃我们不需要的字段
    data_frame = data_frame.drop(columns=['Name', 'Ticket', 'Cabin', 'PassengerId'])
    return data_frame

# 读取和处理训练数据
df = pd.read_csv('data/titanic/train.csv')
train_df = preprocess_dataset(df)

# 拆分特征和标签
train_labels = train_df.pop('Survived')

# 定义模型
import tensorflow.keras as keras

# L 代表 keras.layers，方便后续调用
L = keras.layers

model = keras.Sequential([
    # 添加一个包含 24 个神经元的全连接层，输入维度为 7
    L.Dense(24, input_dim=7, activation='relu', name='input_layer'),
    # 添加一个包含 12 个神经元的全连接层，上层的输出为本层的输入
    L.Dense(12, activation='relu', name='hidden_layer'),
    # 添加一个包含 1 个神经元的全连接层，使用 sigmoid 函数来确保网络输出介于 0 和 1
    L.Dense(1, activation='sigmoid', name='output_layer')
])

# 编译模型
model.compile(loss='binary_crossentropy', optimizer='adam', metrics=['accuracy'])

# 输出模型概述信息
model.summary()

# 训练模型
model.fit(train_df.values, train_labels.values, epochs=20)

# 评估模型
score = model.evaluate(train_df.values, train_labels.values)
print(f"loss: {score[0]}, accuracy: {score[1]*100}%")

# 读取和准备测试数据
raw_test_df = pd.read_csv('data/titanic/test.csv')
test_df = preprocess_dataset(raw_test_df)
print(model.predict_classes(test_df[:10]))
```

本章小结

在本章中，我们通过训练一个神经网络模型讲解了深度学习的工作流程。回顾一下，一个深度学习任务基本包括以下几个步骤：

（1）处理和分析数据；

（2）搭建模型；

（3）训练模型；

（4）评估模型；

（5）使用模型预测新样本的输出。

在对神经网络的理论和代码实践有了初步了解之后，我们将介绍深度学习的主流开发框架：TensorFlow。本书中全部的深度学习项目都将使用最新的 TensorFlow 2 来实现。

第6章 TensorFlow 2介绍

在本章中，读者将学习 TensorFlow 2 的新特性、模型的保存方法、训练回调函数，以及可视化等内容。模型的保存和训练回调是执行所有深度学习任务时必须要掌握的技能，训练可视化则可以帮助你更好地理解和调试模型。

本章要点：

- TensorFlow 2 的新特性；
- 模型的保存方法；
- 常用的训练回调函数；
- 自定义训练回调函数；
- TensorBoard 可视化。

6.1 TensorFlow 2 基础知识和学习路线图

6.1.1 基础知识

2015 年 11 月 9 日，谷歌发布深度学习框架 TensorFlow 并宣布其开源。经过 3 年的时间，TensorFlow 成为应用场景最为广泛的深度学习项目之一，极大地推动了深度学习的发展。在 TensorFlow 推出 3 年之际，谷歌推出了 TensorFlow 2.0。

在介绍 TensorFlow 2 之前，需要先介绍一下 Keras。Keras 是一个用户友好的 Python 机器学习框架。Keras 既提供了模块化的高级 API，又提供了易于扩展的低级 API，能够满足用户不同级别的需求。Keras 支持使用 TensorFlow、CNTK 或者 Theano 作为后端进行运算。从 TensorFlow 1.10 版本开始，TensorFlow 内置了一个 Keras 的实现，称之为 tf.keras，它提供了和 Keras 统一的 API。tf.keras 不支持使用 TensorFlow 以外的后端，与 TensorFlow 更紧密地整合，提供了更好的性能。由于 Keras 和 tf.keras 的设计理念和 API 保持一致，在不考虑后端切换的情况下，tf.keras 是更好的选择。

TensorFlow 2 通过一系列的调整，简化了模型的构建、训练和部署的过程，降低了学习和部署深度学习模型的门槛。假设我们有一个非常复杂的模型需要训练并且部署到云端和手机端，那么可以使用 tf.keras 定义模型结构，利用分布式策略（distribution strategy）在多设备多 CPU/GPU/TPU 环境下训练模型，再把模型导出为 SavedModel 格式。SavedModel 格式是 TensorFlow 2 的标准模型格式，可以使用 TensorFlow Serving 部署到服务器环境，使用 TensorFlow Lite 部署到移动端，还可以利用 TensorFlow.js 部署到浏览器环境。除此之外，我们还可以使用 TensorBoard 来可视化分析模型训练过程，可以使用 TensorFlow Hub 下载预训练的模型或者进行迁移学习。TensorFlow 2 完整的模块列表及其关系如图 6-1 所示。

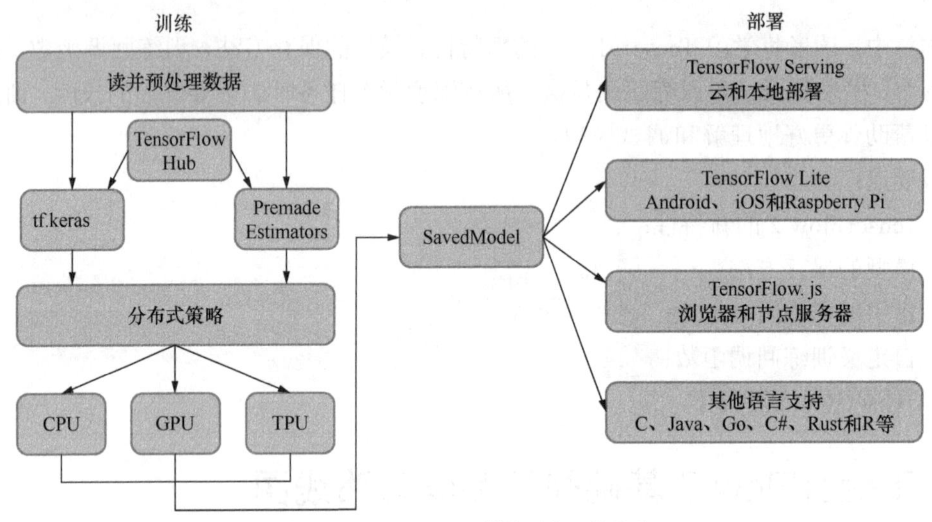

图 6-1 TensorFlow 2 模块列表及其关系

TensorFlow 2 的主要改进点如下。

- **默认使用即时执行**（eager execution）**模式**。在 TensorFlow 1.x 中定义模型时，需要定义一个抽象的结构——图，然后利用 Session 进行训练。这个模式没办法和 Python 一样逐步执行和调试，定位问题非常困难。而使用即时执行模式后，TensorFlow 代码和普通的 Python 代码一样逐行执行，易于编写和调试。
- **清理重复 API**。TensorFlow 1.x 中包含了很多不同抽象级别的模型构建 API，TensorFlow 2 中清理了这些 API，并推荐使用 tf.keras 标准化模型定义过程。
- **推荐使用 tf.keras API 构建和训练模型**。tf.keras 提供了统一的高阶 API 来构建模型，可以非常简洁、清晰地定义模型架构。
- **更灵活的分布式策略**。分布式策略 API 可以实现多 GPU、多 CPU 或者多 TPU 训练模型。

- **简化跨平台部署**。TensorFlow 生态所有的系统（TensorFlow Serving、TensorFlow Lite、TensorFlow.js、TensorFlow Hub）支持统一的 SavedModel 格式。通过把模型保存为 SavedModel 格式，可以简单、快捷地实现跨平台部署。

TensorFlow 2 得益于 tf.keras 和即时执行模式，使之更易于被用户学习、调试使用和部署。简洁、统一的模型构造方法将会大幅度降低用户的学习成本，同时提高代码的复用率。当然，除简化高阶 API 之外，TensorFlow 团队还花费大量精力完善了底层 API，暴露了所有的内部算子（ops），并且提供了可继承的接口。这使基于 TensorFlow 内部方法进行二次开发变得非常容易。同时，TensorFlow 2 提供了更好的性能，如支持混合精度等特性。

6.1.2 学习路线图

TensorFlow 2 构建模型和训练并不是只有一种 API。不同的 API 提供了不同级别的实用性和扩展性。例如，训练模型时，通常直接使用 model.fit()方法快速开始训练，但是它既不能提供更加“友好”的性能，又不能自定义训练循环。tf.keras 的一个核心思想是“循序渐进地暴露复杂度”，易于用户学习入门。随着用户深入了解其工作流程，可以通过设计更多的逻辑来实现更复杂的训练流程。表 6-1 和表 6-2 列出了用户在不同学习阶段常用的构建 API 和训练 API。

表 6-1　　tf.keras 模型构建 API 学习路线图

用户类型	API	使用场景	相关章或附带资料
新手	• 序贯模型 tf.keras.Sequential • 内置层 ○ tf.keras.layers.Dense ○ tf.keras.layers.LSTM ○ tf.keras.layers.GRU	构建简单模型	• 第 5 章 • 第 7 章 • 第 8 章 • 第 9 章 • 第 10 章 • 第 11 章
熟练用户	• 函数式模型 tf.keras.Model • 内置层 ○ tf.keras.layers.Dense ○ tf.keras.layers.LSTM ○ tf.keras.layers.GRU ...	• 构建比较复杂的模型 • 多输入多输出模型 • 权重共享	第 12 章
进阶用户	• 自定义层 • 自定义指标 • 自定义损失函数	构建自定义模型	第 9 章
专家	继承模型类，全部手动实现	随书代码仓库——进阶资料	

表 6-2 tf.keras 模型训练 API 学习路线图

用户类型	API	使用场景	相关章或附带资料
新手	model.fit()	快速实验	• 第 5 章 • 第 7 章 • 第 8 章 • 第 9 章 • 第 10 章 • 第 11 章
熟练用户	model.fit()+ 回调函数 ○ tf.keras.callbacks.ModelCheckpoint ○ tf.keras.callbacks.EarlyStopping ○ tf.keras.callbacks.TensorBoard	• 增加检查点保存训练进度 • 提前终止训练 • TensorBoard 可视化训练过程 • 自定义回调	第 12 章
进阶用户	自定义迭代数据集 ○ model.train_on_batch() ○ model.test_on_batch() ○ model.predict()	定制训练过程	第 9 章
专家	使用 GradientTape 定义训练循环	随书代码仓库——进阶资料	• 新优化算法 • 自定义实现任何算法

6.2 模型的保存和恢复

在我们搭建了一个神经网络模型并训练好后，下一步需要对模型进行保存，以备后续使用。TensorFlow 提供了下列几种保存方式。我们可以用第 5 章中的代码构建一个模型。

6.2.1 全模型保存

我们可以将模型保存到单个文件中，并且使用此文件重新创建相同的模型。

该文件包括：

- 模型的架构；
- 模型的权重；
- 模型的训练配置；
- 优化器及其状态（这使我们可以从中断的地方重新启动训练）。

```
import tensorflow as tf
import os
# 创建目录
os.makedirs('outputs/chapter6', exist_ok=True)

# 保存模型
model.save('outputs/chapter6/my_model.h5')

# 使用保存的文件恢复模型，此时不需要任何之前的代码，只需要这个文件
new_model = tf.keras.models.load_model('outputs/chapter6/my_model.h5')
```

6.2.2 保存为 SavedModel 格式

虽然将模型保存为 H5 文件很直接和方便，但是只能被 Python 程序加载，没办法实现跨平台部署。如果想要跨平台部署或者使用 TensorFlow Serving 提供服务，则需要保存为 SavedModel 格式。SavedModel 是 TensorFlow 对象的独立序列化格式。

```
# 导出模型为 SavedModel 格式
tf.saved_model.save(model, 'outputs/chapter6/saved_model')
```

上述代码将在指定位置创建文件夹，并且保存以下文件。

```
├── assets
│   └── saved_model.json # 模型结构 JSON 文件
├── saved_model.pb       # 模型图
└── variables            # 模型权重检查点
    ├── checkpoint
    ├── variables.data-00000-of-00001
    └── variables.index
```

6.2.3 仅保存模型结构

有时，我们只对模型的结构感兴趣，并且不需要保存权重或优化程序。在这种情况下，可以通过 get_config()方法获取模型的配置。配置是一个 Python 字典，我们可以使用这个字典重新初始化模型。但是，这个模型需要重新训练。

```
# 获取模型的配置，config 是一个 Python 字典
config = model.get_config()

# 使用配置字典重新初始化模型
reinitialized_model = keras.Sequential.from_config(config)
```

6.2.4 仅保存模型权重

同样，如果我们只对权重感兴趣，那么可以使用 get_weights()方法获取模型的权重，该方法将会返回一个 NumPy 数组，可以使用 set_weights()方法再为模型设置权重。

```
weights = model.get_weights() # 获取模型的权重
model.set_weights(weights)     # 为模型设定权重

# 把权重保存到磁盘
model.save_weights('outputs/chapter6/model_weights.h5')
# 从磁盘加载模型权重
model.load_weights('outputs/chapter6/model_weights.h5')
```

我们可以分别保存模型结构和模型权重，然后用模型结构重建模型，再加载权重来恢复模型。但是，这样操作会失去优化器及其状态，没有办法断点续训，不如直接保存全模型。

6.3 模型增量更新

上文提到过，使用全模型保存或者保存为 SavedModel 格式可以断点续训，也就是说，可以增量更新。增量更新非常方便，只需要使用保存的文件恢复模型，然后继续调用 fit()方法训练。

```
# 加载保存模型
new_model = tf.keras.models.load_model('outputs/chapter6/my_model.h5')
# 或加载 SavedModel 格式的模型
new_model = tf.keras.models.load_model('outputs/chapter6/saved_model')

# 假数据
new_x = np.random.random((10,7))
new_y = np.random.randint(0, 1, 10)

# 继续调用 fit()函数训练即可
new_model.fit(new_x, new_y)
```

6.4 训练回调

当我们使用大量数据或者比较复杂的神经网络结构的时候，训练过程会非常耗时。我们不能提前知道模型训练会耗时多久，也有可能会因为断电出错等原因导致训练中断，如果训练时间过长，则可能会过拟合。针对这些问题，我们可以选择当验证损失不再改善时就停止训练。

我们可以使用 tf.keras 提供的**回调**（callback）**函数**来实现。回调函数是在调用 fit()函数训练时传入模型的一个对象，它在训练过程的不同时间点都会被模型调用。

- **模型检查点**（ModelCheckpoint）：在每个训练期之后保存模型。
- **提前终止**（EarlyStopping）：当被监测参数不再改善时，停止训练。
- **动态降低学习率**（ReduceLROnPlateau）：当标准评估停止提升时，降低学习率。
- **CSV 日志**（CSVLogger）：把训练轮结果数据写入 CSV 文件。

6.4.1 模型检查点和提前终止

如果监控的目标指标在设定的轮数不再改善，就可以用 EarlyStopping 回调函数来打断训练。例如，这个回调函数可以在过拟合时就中断训练，从而避免过拟合。这个函数通常需要和 ModelCheckpoint 结合使用。ModelCheckpoint 可以在训练中不断地保存模型（也可以选择只保存目前最佳的模型）。

```
import tensorflow as tf

# 当被监测的指标不再提升时，停止训练
early_stop = tf.keras.callbacks.EarlyStopping(
    monitor='val_accuracy',  # 被监测的指标，这里监控模型验证集的准确度
    patience=3)              # 如果指标在多于 3 轮的时间（4 轮）不变，那么中断训练

# 在每个训练期之后保存模型
model_path = 'outputs/chapter6/best_model.h5'
model_checkpoint = tf.keras.callbacks.ModelCheckpoint(
    filepath=model_path,     # 模型存储路径
    monitor='val_accuracy',  # 被监测的指标，这里监控模型验证集的准确度
    save_best_only=True)     # 只在指标改善时存储，如果该参数为 False，则每一轮进行保存

model.fit(train_df.values,
          train_labels.values,
          validation_data=(train_df.values, train_labels.values),
          epochs=40,
          callbacks=[early_stop, model_checkpoint])
```

在上面的代码中，我们指定了训练 40 轮，但是模型一般训练 10 轮就结束训练，并且存储到 outputs/chapter6/best_model.h5 中。

6.4.2 动态调整学习率

如果损失函数不再改善，那么我们可以使用 ReduceLROnPlateau 回调函数来降低学习率。

如果训练过程损失长时间不变化，即出现了**损失平台**（loss plateau），那么增大或减小学习率都是跳出局部最小值的有效策略。

```
reduce_lr_callback = tf.keras.callbacks.ReduceLROnPlateau(
    monitor = 'val_loss', # 监控模型的损失
    factor = 0.2,         # 触发时将学习率除以 5
    patience = 10)        # 如果验证损失在 10 轮内没有改善，那么触发这个回调函数


model.fit(train_df.values,
          train_labels.values,
          validation_data=(train_df.values, train_labels.values),
          epochs=40,
          callbacks=[reduce_lr_callback])
```

6.4.3 自定义回调函数

如果 tf.keras 内置的回调函数不能满足我们的需求，那么可以自定义回调函数。回调函数的实现方式是创建 keras.callbacks.Callback 类的一个子类，然后，按需实现下面的这些方法。这些方法会在训练过程中的不同时间点被调用。

```
on_epoch_begin  # 在每轮开始时被调用
on_epoch_end    # 在每轮结束时被调用

on_batch_begin  # 在处理每个批次之前被调用
on_batch_end    # 在处理每个批次之后被调用

on_train_begin  # 在训练开始时被调用
on_train_end    # 在训练结束时被调用
```

这些方法被调用时都有一个 logs 参数，这个参数是一个字典，里面有前一个批次、前一个轮次或前一次训练的信息（训练的指标和验证指标等）。此外，回调函数还可以访问下列属性。

- self.model：调用回调函数的模型实例。
- self.validation_data：传入 fit()方法作为验证数据的值。

下面是回调函数的一个简单的示例，它用于记录每一个批次的损失值。

```
class LossHistory(keras.callbacks.Callback):
    def on_train_begin(self, logs={}):
        # 训练开始时定义一个数组来保存数据
        self.losses = []
```

```
    def on_batch_end(self, batch, logs={}):
        # 把每一批次的 loss 记录到数组中
        self.losses.append(logs.get('loss'))


loss_history_callback = LossHistory()

model.fit(train_df,
          train_labels,
          epochs=10,
          callbacks=[loss_history_callback])
```

训练完成后，可以通过 loss_history_callback.losses 获取 loss 记录。我们用之前介绍的 Matplotlib 进行可视化，结果如图 6-2 所示。

```
import matplotlib.pyplot as plt
import numpy as np

# 设置 plt 的分辨率，默认分辨率比较低，导致图像不清晰
plt.rcParams['figure.dpi'] = 180

plt.figure()
# 只传入一个参数时，默认为 y 轴，x 轴默认为 range(n)
plt.plot(loss_history_callback.losses)
plt.show()
```

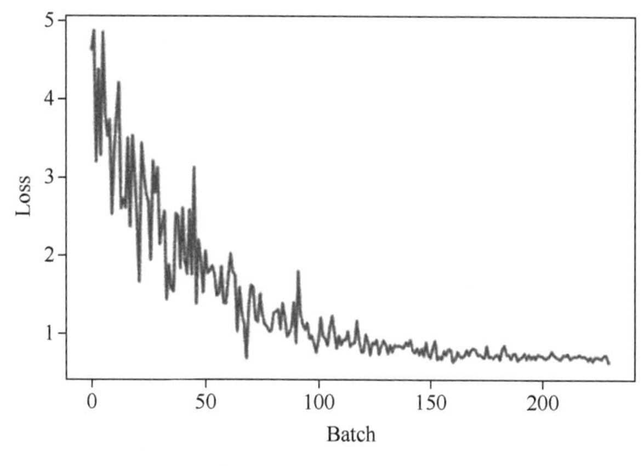

图 6-2 loss 可视化

6.5 TensorBoard 可视化

深度神经网络就像一个“黑盒子”，其内部的组织、结构，以及训练过程很难理清，这给深度神经网络原理的理解和工程化带来了很大的挑战。为了解决这个问题，谷歌发布了一个名为 TensorBoard 的可视化工具。TensorBoard 是 TensorFlow 内置的一个可视化工具，它通过将 TensorFlow 程序输出的日志文件的信息可视化，使得对 TensorFlow 程序的理解、调试和优化更加简单、高效。

TensorBoard 的主要用途是在训练过程中帮助用户以可视化的方式监控模型内部发生的一切，这样用户就可以更清楚地了解模型做了什么、没做什么。从总体上来说，目前，TensorBoard 主要包括下面几个面板。

- **SCALARS**：存储和显示诸如学习率和损失等单个值的变化趋势。
- **IMAGES**：对于输入是图像的模型，显示某一步输入的图像。
- **AUDIO**：显示可播放的音频。
- **GRAPHS**：显示代码中定义的计算图，也可以显示每个节点的计算时间、内存使用等情况。
- **DISTRIBUTIONS**：以折线图堆叠的方式显示模型参数随迭代次数的变化情况。
- **HISTOGRAMS**：以频数分布直方图堆叠的方式显示模型参数随迭代次数的变化情况。
- **EMBEDDING**：在三维图或二维图中展示高维数据。

tf.keras 提供了对 TensorBoard 的回调，我们可以很方便地使用 TensorBoard 可视化训练过程。

```
tensorboard = keras.callbacks.TensorBoard(
    log_dir='outputs/chapter6/tf_board_log', # 日志输出目录
    histogram_freq=2) # 对模型中各个层计算激活值和模型权重直方图的频率

model.fit(train_df,
          train_labels,
          epochs=20,
          callbacks=[tensorboard])
```

开始训练后，我们在终端用命令行启动 TensorBoard 服务器。

```
tensorboard --logdir=outputs/chapter6/tf_board_log
```

然后，可以用浏览器打开 http://localhost:6006，并查看模型的训练过程（见图 6-3）。除可以在训练过程中实时查看指标之外，我们还可以通过 HISTOGRAMS（直方图）查看每一层的权重和偏差分布直方图（见图 6-4）。

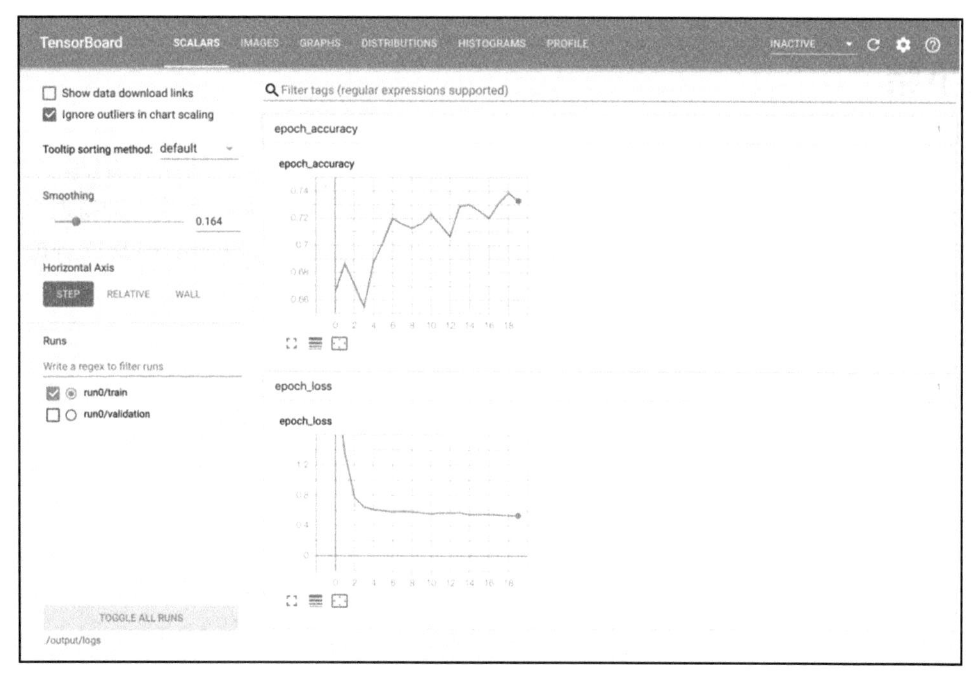

图 6-3　TensorBoard：指标监控

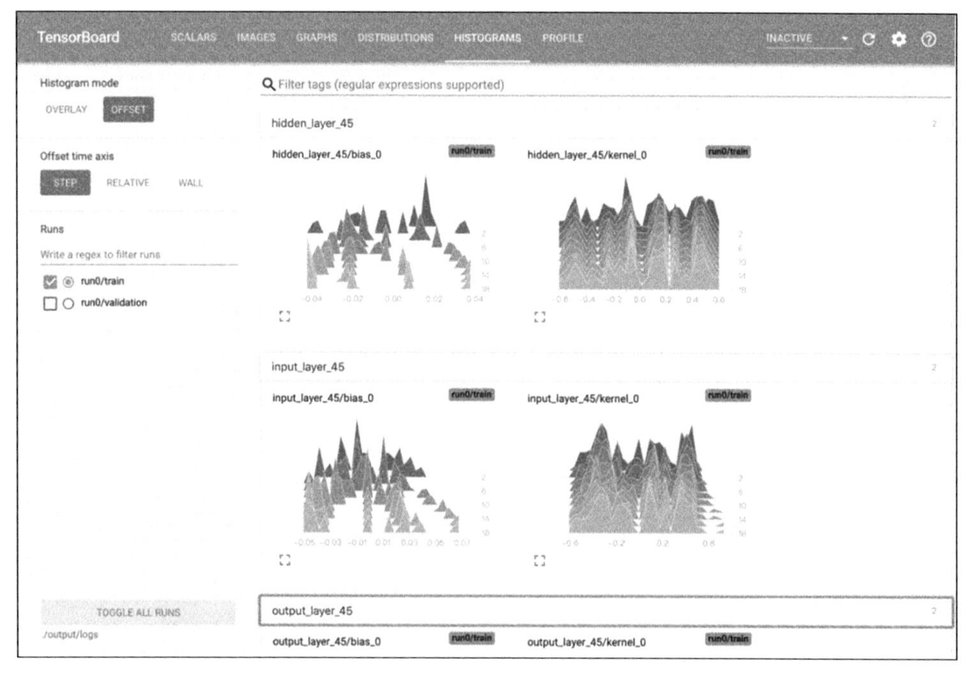

图 6-4　TensorBoard：直方图

本章小结

本章首先介绍了 TensorFlow 2 的新特性。然后，介绍了模型的保存和恢复方法。最后，介绍了模型训练回调及模型训练过程可视化。训练回调及可视化可以大幅度减少训练时间，简化调试过程。由于篇幅原因，因此后续实战项目中并没有使用这些回调方法，但是读者可以尝试在不同的实验中引入不同的回调函数来优化训练过程。

第7章 图像识别入门

在本章中，您将通过构建一个简单的模型来学习图像识别相关的知识，然后用卷积神经网络来优化图像识别的效果。

本章要点：

- Fashion-MNIST 数据集；
- 全连接神经网络；
- 卷积神经网络的原理；
- 实现卷积神经网络。

7.1 Fashion-MNIST 数据集

7.1.1 数据集简介

Fashion-MNIST 是一个手写数字集的图像数据集，由 Zalando（德国的一家时尚科技公司）旗下的研究部门提供。其涵盖了来自 10 种类别的共 7 万个不同商品的正面图像。Fashion-MNIST 的大小、格式和训练集/测试集划分与原始的 MNIST 完全一致，60000/10000 的训练与测试数据划分，28 像素×28 像素的灰度图像。我们可以直接用它来测试深度学习算法性能，且不需要改动任何代码。

tf.keras 中内置了一个数据集模块 tf.keras.datasets。此模块提供了 Boston_housing、CIFAR10、CIFAR100、Fashion-MNIST、IMDB、MNIST 和 Reuters 等处理好的数据集。我们使用该模块加载 Fashion-MNIST 数据集并进行简单的预处理。

内置数据集都提供了 load_data()方法，现在我们来加载 Fashion-MNIST 数据集。

```
# 引入依赖
import tensorflow as tf
import matplotlib.pyplot as plt
```

```
from tensorflow import keras

plt.rcParams['figure.dpi'] = 180
plt.rcParams['axes.grid'] = False

# 加载数据
fashion_mnist = tf.keras.datasets.fashion_mnist
(train_images, train_labels), (test_images, test_labels) = fashion_mnist.load_data()
```

此时，load_data()方法会返回 4 个 NumPy 数组，分别为训练数据集、训练数据集的标签、测试数据集和测试数据集的标签。

7.1.2 数据集预处理

通过 Fashion-MNIST 数据集的官方介绍我们可以得知，图像为 28 像素×28 像素的张量，像素值为 0～255，标签是整数数组，为 0～9。这些标签对应的类别见表 7-1。

表 7-1 Fashion-MNIST 标签对应的类别

标签	类别（中文）	类别（英文）
0	T 恤衫/上衣	T-shirt/top
1	裤子	Trouser
2	套衫	Pullover
3	裙子	Dress
4	外套	Coat
5	凉鞋	Sandal
6	衬衫	Shirt
7	运动鞋	Sneaker
8	包	Bag
9	踝靴	Ankle boot

接下来，我们定义一个集合 class_names，里面包含所有数据集中的类别，考虑到 Matplotlib 在显示中文时容易出现乱码，我们使用英文标签。

```
class_names = ['T-shirt/top', 'Trouser', 'Pullover', 'Dress',
               'Coat', 'Sandal', 'Shirt', 'Sneaker', 'Bag', 'Ankle boot']
```

然后，我们可视化数据集，可以通过以下代码查看第一张图像，结果如图 7-1 所示。

```
import matplotlib.pyplot as plt

plt.figure()
plt.imshow(train_images[0])
plt.colorbar()
plt.grid(False)
```

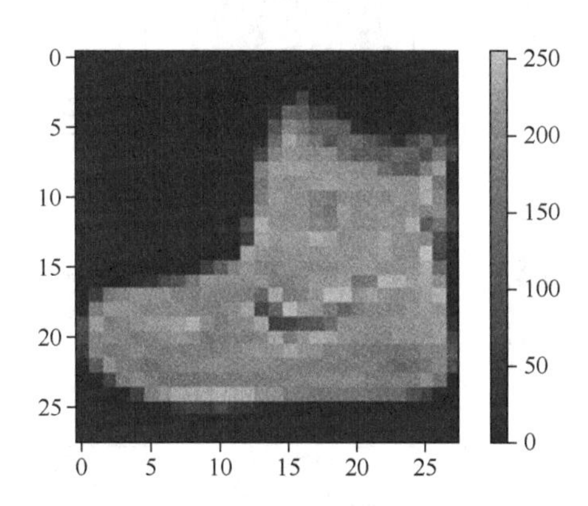

图 7-1 Fashion-MNIST 数据集中的第一张图像

我们可以看到图像的像素值范围为 0～255，我们将这个范围缩小到 0～1，这一步称为**归一化**（normalization）。我们一般会进行归一化，因为归一化会简化计算，加快训练网络的收敛，当然，也可以不进行归一化处理。归一化很简单，只需要将图像的张量除以 255。

```
train_images_norm = train_images / 255.0
test_images_norm = test_images / 255.0
```

在数据处理完成后，我们可视化前 25 张图像，即执行以下代码，结果如图 7-2 所示。

```
plt.figure(figsize=(10, 12))
for i in range(25):
    plt.subplot(5, 5, i+1)
    plt.imshow(train_images[i], cmap=plt.cm.binary)
    plt.xlabel(class_names[train_labels[i]])
    plt.xticks([])
    plt.yticks([])
plt.show()
```

此时，我们已经处理完了数据集，其实只做了一步，即归一化处理，接下来就可以进行神经网络的构建了。

图 7-2　数据集前 25 张图像及类别

7.2　全连接神经网络

在 7.1 节中，我们对 Fashion-MNIST 数据集进行了探索和处理，本节将讲述如何构建一个全连接神经网络。

7.2.1 构建模型

现在，我们构建一个全连接神经网络，包含一个 Flatten 层作为输入层，后面连接两个 Dense 层。在构建神经网络时，需要先配置模型的层，然后编译模型，具体代码如下。

```
from tensorflow import keras

L = keras.layers

model = keras.Sequential([
    L.Flatten(input_shape=(28, 28)),
    L.Dense(128, activation=tf.nn.relu),
    L.Dense(10, activation=tf.nn.softmax)
])
```

该网络中的第一层——Flatten 层将图像从 28 像素×28 像素的二维张量转换成 784 像素的一维张量（28×28 = 784）。可以将该层视为图像中像素未堆叠的行，并排列这些行。该层没有要学习的参数，它只修改数据张量的形状。

在扁平化像素之后，该网络包含两个 Dense 层的序列，这两层是全连接层。第一个全连接层具有 128 个节点（或神经元）。第二个全连接层是具有 10 个节点的 Softmax 层，每个节点包含一个得分，表示当前图像属于 10 个类别中某一个的概率。最终，第二个 Dense 层会返回一个具有 10 个概率得分的数组，这些得分的总和为 1。

7.2.2 编译模型

模型构建完成后还需要编译。与第 5 章一样，需要设定以下 3 个参数。

- loss（损失函数）：对于多分类问题，一般选择分类交叉熵（categorical crossentropy）损失函数，这里我们选择其变种——稀疏分类交叉熵（sparse_categorical_crossentropy）损失函数。与分类交叉熵损失函数的不同之处是，它不需要将 label 转化成 one-hot 编码，其他与分类交叉熵损失函数一致。
- optimizer（优化器）：继续选择 adam 优化器。
- metrics（指标）：选择准确率（accuracy）。在绝大部分情况下，指标选择准确率。

```
model.compile(optimizer=tf.optimizers.Adam(),
              loss='sparse_categorical_crossentropy',
              metrics=['accuracy'])
```

7.2.3 训练模型

模型编译好之后，调用 model.fit()方法开始训练，使模型与训练数据“拟合”。

```
model.fit(train_images_norm,
          train_labels,
          epochs=5,              # 总共训练 5 轮
          validation_split=0.2)  # 使用 20%数据作为验证数据
```

模型训练输出的日志如下。

```
Train on 48000 samples, validate on 12000 samples
Epoch 1/5
48000/48000 [==============================] - 3s 59us/sample - loss: 0.5120 - accuracy:
0.8222 - val_loss: 0.4360 - val_accuracy: 0.8472
Epoch 2/5
48000/48000 [==============================] - 2s 45us/sample - loss: 0.3860 - accuracy:
0.8624 - val_loss: 0.3759 - val_accuracy: 0.8624
Epoch 3/5
48000/48000 [==============================] - 2s 46us/sample - loss: 0.3483 - accuracy:
0.8732 - val_loss: 0.3570 - val_accuracy: 0.8724
Epoch 4/5
48000/48000 [==============================] - 2s 45us/sample - loss: 0.3193 - accuracy:
0.8839 - val_loss: 0.3574 - val_accuracy: 0.8712
Epoch 5/5
48000/48000 [==============================] - 2s 45us/sample - loss: 0.3008 - accuracy:
0.8896 - val_loss: 0.3376 - val_accuracy: 0.8786
```

可以看到，在经过 5 轮训练后，训练集的准确率为 0.8896，验证集的准确率为 0.8786。至此，模型训练部分已经完成。

7.2.4 评估模型

在模型训练完成后，我们对模型进行评估并使用模型进行预测。我们可以通过 model.evaluate()方法验证模型在测试集上的表现。

```
test_loss, test_acc = model.evaluate(test_images_norm, test_labels)
print(f'Test accuracy: {test_acc}')
```

测试集的准确率为 0.8726，略低于验证集（读者可自行验证）。

7.2.5 预测

在模型训练后，我们可以使用它对一些图像进行预测。我们使用下面的代码预测测试集数

据的类别，然后看一下第一个预测的结果。

```
predictions = model.predict(test_images_norm)
print(predictions[0])
```

可以看到以下输出。

```
array([4.2577299e-06, 7.2840301e-08, 2.3979945e-08, 2.0671453e-06,
       9.1094840e-08, 1.2096325e-01, 1.5182156e-06, 1.9717012e-01,
       1.2066002e-05, 6.8184656e-01], dtype=float32)
```

预测结果是一个包含 10 个概率的数组。每个概率表示图像对其中一种类别的“置信度”。我们可以看到哪个标签的置信度最大。

```
import numpy as np
np.argmax(predictions[0]) # 输出 9
```

因此，模型认为这张图像是踝靴或属于 class_names[9]。我们再使用 Matplotlib 可视化前 25 个预测结果。正确的预测标签为蓝色，错误的预测标签为红色。数字表示正确预测标签的百分比数。可以看到，即使置信度非常高，也有可能预测错误（见图 7-3）。

```
import numpy as np
import matplotlib.pyplot as plt

plt.rcParams['figure.dpi'] = 180
plt.rcParams['axes.grid'] = False

plt.figure(figsize=(15, 15))

for index in range(25):
    plt.subplot(5, 5, index+1)
    plt.xticks([])
    plt.yticks([])

    image = test_images_norm[index]
    true_label = test_labels[index]
    predict_array = predictions[index]

    plt.imshow(image, cmap=plt.cm.binary)

    predict_label = np.argmax(predict_array)

    if predict_label == true_label:
        color = 'blue'
```

```
        else:
            color = 'red'

        label = f"{class_names[predict_label]} {100*np.max(predict_array):2.2f}% ({class_names
[true_label]})"
        plt.xlabel(label, color=color)
    plt.show()
```

图 7-3 测试集预测结果可视化

7.2.6 代码小结

我们已经完成了 Fashion-MNIST 数据集的实战，下面是代码汇总。

```
# 引入依赖
import tensorflow as tf
import matplotlib.pyplot as plt
from tensorflow import keras

plt.rcParams['figure.dpi'] = 180
plt.rcParams['axes.grid'] = False

# 加载数据
fashion_mnist = tf.keras.datasets.fashion_mnist
(train_images, train_labels), (test_images, test_labels) = fashion_mnist.load_data()

class_names = ['T-shirt/top', 'Trouser', 'Pullover', 'Dress',
               'Coat', 'Sandal', 'Shirt', 'Sneaker', 'Bag', 'Ankle boot']

# 数据归一化
train_images_norm = train_images / 255.0
test_images_norm = test_images / 255.0

L = keras.layers

# 构建模型
model = keras.Sequential([
    L.Flatten(input_shape=(28, 28)),
    L.Dense(128, activation=tf.nn.relu),
    L.Dense(10, activation=tf.nn.softmax)
])

# 编译模型
model.compile(optimizer=tf.optimizers.Adam(),
              loss='sparse_categorical_crossentropy',
              metrics=['accuracy'])

# 训练模型
model.fit(train_images_norm,
          train_labels,
          epochs=5,                 # 总共训练 5 轮
          validation_split=0.2)     # 使用 20%数据作为验证数据

# 评估模型
test_loss, test_acc = model.evaluate(test_images_norm, test_labels)
```

```
print(f'Test accuracy: {test_acc}')

# 预测模型
predictions = model.predict(test_images_norm)
```

7.3 卷积神经网络

卷积神经网络（Convolutional Neural Network，CNN）是一类包含卷积计算且具有深度结构的**前馈神经网络**（Feedforward Neural Network，FNN），是深度学习的代表算法之一。

7.3.1 卷积神经网络的原理

卷积神经网络模仿了人类观察图像的两个特点，即局部感知和权重共享。这两个特点使神经网络更加适合图像相关任务。

1. 局部感知

人在观察一张图像时，会提取出一张图像中的某一些特征，有时候并不需要观察整张图像就知道这张图像是什么。以一张鸟的图像为例，鸟的鸟嘴是这张图像中的一个特征。如果我们有一个神经网络，其某一层中的神经元只负责侦测是否有鸟嘴这个特征的存在，这样到下一层的时候只用一部分参数即可识别图像（见图 7-4a）。在我们将一张图像的像素均匀抽取一些后，例如将一张图像的奇数行、偶数列的像素去掉，图像会变小，但是并不会影响人类去辨识这张图像是什么（见图 7-4b）。在经过这两步后，我们的输入参数将极大减少。

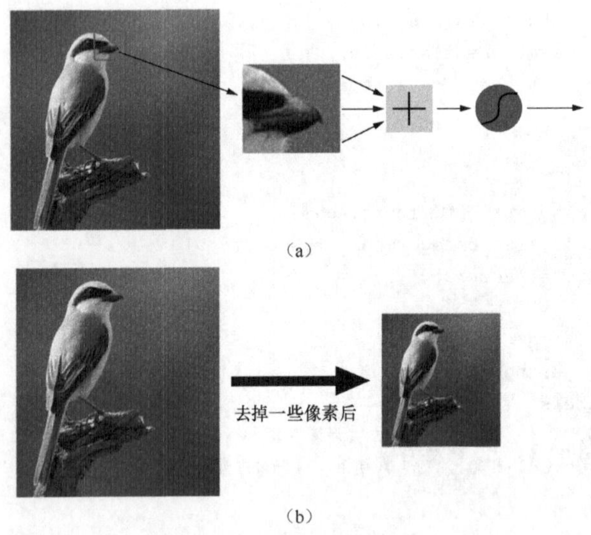

（a）

（b）

图 7-4 卷积神经网络的局部感知

2. 权重共享

在不同图像中，可能出现同一个特征，这个特征可能出现在不同的地方，但它可能是同样的形状，那么我们使用同一个神经元就可能将它侦测出来。以两张鸟的图像为例，一张图中的鸟嘴出现在中上方，另一张图中的鸟嘴出现在右方。由于权重是可以共享的（见图 7-5），因此我们并不需要两个神经元去侦测不同位置的鸟嘴。

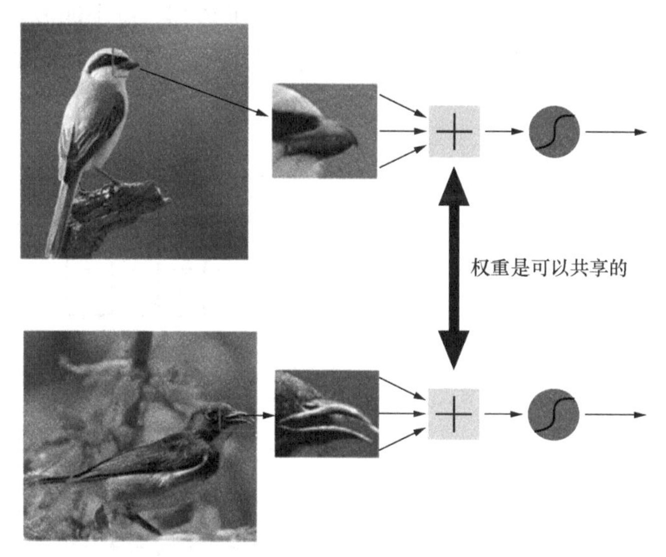

图 7-5 卷积神经网络的权重共享

7.3.2 卷积层和池化层

图 7-6 是卷积神经网络的结构图。卷积神经网络分别经过了卷积层、池化层、卷积层、池化层、全连接神经网络，以一个卷积层和一个池化层为一组。下面我们将讲解卷积神经网络的每一层是如何工作的。

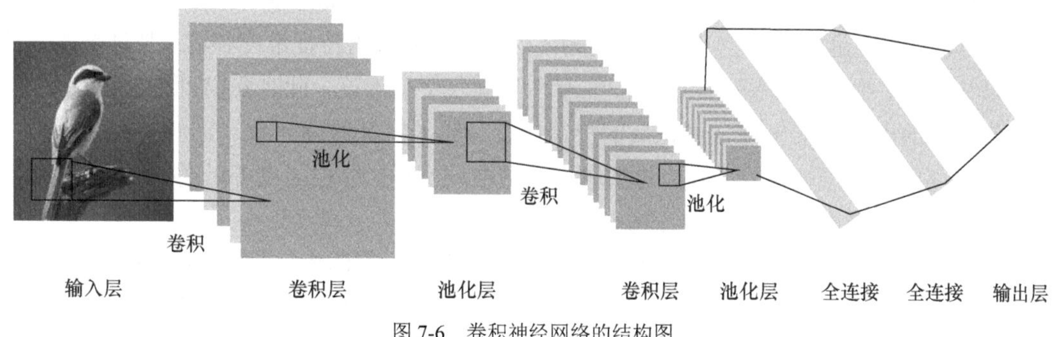

图 7-6 卷积神经网络的结构图

一个卷积层由多个**滤波器**（filter）组成。滤波器又称为**卷积核**（kernal）。滤波器对输入图像进行卷积操作。卷积过程如下，假设我们现在有一张图，它的尺寸是5像素×5像素，有一组滤波器，每个滤波器是一个3×3的矩阵。滤波器相当于神经网络中的神经元。滤波器在侦测每一个特征的时候，不会“看”一整张图像，它只会“看”3×3范围是否有某一个特征。图7-7展示了卷积操作，滤波器会从输入图像上划过，每一步产生一个新的值。这些值就可以代表一个更高维度的特征表示。通常，一个卷积层有多个滤波器，每个滤波器中的权重将随机初始化。图7-7中的1×0表示该特征的值为1，滤波器对应位置的值为0，滤波器作用于该特征点后得到结果0。

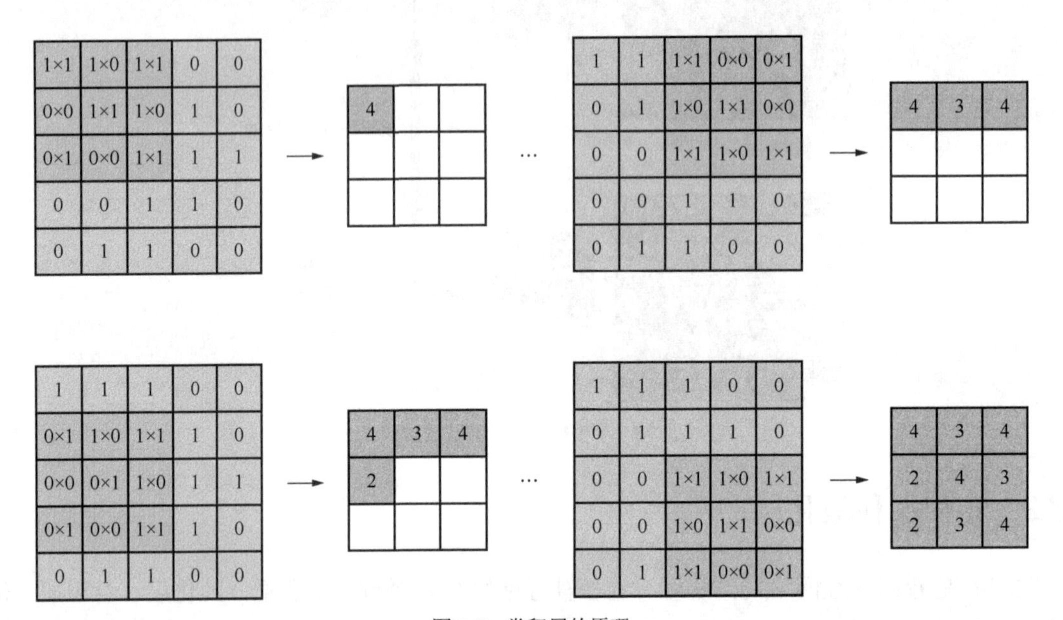

图7-7　卷积层的原理

在进行卷积操作时，我们可以设定步长（stride）和补全（padding）。步长表示卷积核在图像上平移时的长度，通常设定为1。补全是为了保证卷积后输出特征维度和输入特征维度一致。我们可以从图7-7中看出，卷积后的特征维度小于输入特征维度，此时我们可以通过在图像边缘补全值是0的虚拟像素来保证卷积后的特征维度和输入特征维度一致。

进行卷积操作的层就是卷积层。与别的神经网络层一样，卷积层也可以通过一个激活函数把卷积操作的线性输出转化成非线性输出。

通常，卷积层后面会带有一个池化层。池化用于减少特征维度，以减少神经网络中的参数和计算次数。池化操作能缩短训练时间并防止过拟合。常用的池化操作是最大池化（max pooling）和平均池化（average pooling）。图7-8展示了一个2×2滤波器以2为步长处理一个输入的过程。

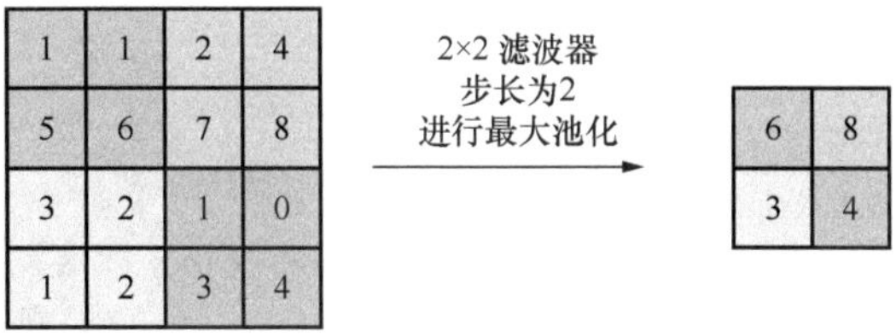

1	1	2	4
5	6	7	8
3	2	1	0
1	2	3	4

2×2 滤波器
步长为2
进行最大池化

6	8
3	4

图 7-8 最大池化

通过前面的描述，我们了解到，在定义一个卷积层时，需要设定以下超参数。

- filters（卷积核数量）：卷积层的滤波器（卷积核）的数量。
- kernel_size（卷积核大小）：卷积层的卷积核的大小，可以使用一个数字或一个元组。当卷积核的宽和高不一致时，需要用元组指定。
- stride（步长）：卷积核平移的长度，通常为 1。
- padding（补全策略）：可选值为 valid 和 same。valid 表示只进行有效卷积，即对边界数据不处理。same 表示保留边界处的卷积，通常会导致输出特征维度与输入特征维度相同。

7.3.3 实现卷积神经网络

通过 7.2 节的介绍，我们已经知道了如何使用全连接神经网络处理 Fashion-MNIST 数据集。我们现在定义一个卷积神经网络来拟合 Fashion-MNIST 数据集。与全连接神经网络不同的是，我们需要对输入数据进行矩阵维度变换处理，以匹配卷积神经网络的输入。

```
conv_model = keras.Sequential([
    # 卷积层，包括 32 个 5×5 的卷积核，输出特征维度为[28-3+1, 28-3+1, 32]
    L.Conv2D(input_shape=(28, 28, 1), filters=32, kernel_size=3, strides=1),
    # 池化层
    L.MaxPool2D(pool_size=2, strides=2),
    # 卷积层
    L.Conv2D(filters=64, kernel_size=3, strides=1),
    # 池化层
    L.MaxPool2D(pool_size=2, strides=2),
    L.Flatten(),
    L.Dense(256, activation=tf.nn.relu),
    L.Dense(10, activation=tf.nn.softmax)
])

conv_model.compile(optimizer=tf.optimizers.Adam(),
```

```
                      loss='sparse_categorical_crossentropy',
                      metrics=['accuracy'])

conv_model.summary()

# 由于Conv2D需要3个维度的张量输入
# 因此把数据从[28,28](即[x轴色彩通道,y轴色彩通道])转换成[x轴,y轴,色彩通道](即[28,28,1])
train_images_reshape = train_images_norm.reshape([-1, 28, 28, 1])
test_images_reshape = test_images_norm.reshape([-1, 28, 28, 1])

# 训练模型
conv_model.fit(train_images_reshape,
               train_labels,
               epochs=5,              # 总共训练5轮
               validation_split=0.2)  # 使用20%数据作为验证数据

# 评估模型
test_loss, test_acc = conv_model.evaluate(test_images_reshape, test_labels)
print(f'Conv model test accuracy: {test_acc}')
```

可以看到，卷积神经网络通过 5 轮训练就可以达到约 91%的准确率（读者可以运行程序验证）。除改变数据形状，增加卷积层和池化层以外，其余的参数完全一样。使用卷积神经网络将准确率提升了 4%，足以体现卷积神经网络在解决图像分类问题上的优势。

本章小结

本章介绍了 Fashion-MNIST 数据集、全连接神经网络，以及卷积神经网络的原理和如何实现卷积神经网络。我们可以通过卷积神经网络的原理直观地理解了为什么它更适合图像识别任务。本章使用的 Fashion-MNIST 数据集比较简单，用简单的卷积神经网络就可以达到约 91%的准确率，读者可以试着使用同样的模型处理 CIFAR10 数据集。在第 8 章中，我们将使用更复杂的网络架构和迁移学习方案来解决更复杂的图像识别问题。

第 8 章 图像识别进阶

本章我们通过一个花朵种类分类问题进一步学习图像识别。在真实的图像识别问题中，需要从磁盘读取图片文件，进行预处理和数据增强后才能开始训练模型。除数据增强以外，我们还可以通过迁移学习的方案大幅度降低训练成本，快速获得表现很好的模型。

本章要点：

- 从磁盘读取图像数据；
- 图像数据增强；
- 图像迁移学习；
- TensorFlow Hub。

8.1 数据集处理

8.1.1 准备数据集

在第 7 章中，我们使用 tf.keras 模块内置的数据集，只需要两行代码就可以直接加载。但是，在实际项目中，通常需要我们从磁盘读取图像数据集。本实验需要从随书代码仓库下载一个花的数据集到 data/flower_photos/目录。

数据下载完成后，使用以下代码先简单浏览一下数据集。

```
import os, shutil
import pathlib
import random
import IPython.display as display
from sklearn.model_selection import train_test_split

data_root = pathlib.Path('data/flower_photos/')
for item in data_root.iterdir():
```

```
    print(item)

# data/flower_photos/roses
# data/flower_photos/sunflowers
# data/flower_photos/daisy
# data/flower_photos/dandelion
# data/flower_photos/tulips
# data/flower_photos/LICENSE.txt
```

可以看到，数据集包含 5 种花的文件夹和一个 LICENSE.txt 文件。我们先遍历读取所有的文件路径。

```
all_image_paths = list(data_root.glob('*/*'))
all_image_paths = [str(path) for path in all_image_paths]

# 打乱数据顺序
random.shuffle(all_image_paths)

print(len(all_image_paths))  # 3670
all_image_paths[:5]

# all_image_paths 是包含所有图像文件路径的数组
# ['data/flower_photos/roses/5061135742_2870a7b691_n.jpg',
#  'data/flower_photos/dandelion/5613466853_e476bb080e.jpg',
#  'data/flower_photos/tulips/14053292975_fdc1093571_n.jpg',
#  'data/flower_photos/dandelion/2634666217_d5ef87c9f7_m.jpg',
#  'data/flower_photos/dandelion/5598591979_ed9af1b3e9_n.jpg']

# 从图像路径解析出类别名
all_image_labels = [pathlib.Path(path).parent.name for path in all_image_paths]
```

现在我们已经有了全部图像的路径，数据集包含 3670 张图像。我们随机预览其中 3 张图，方法很简单，先随机读取一张图像的路径，再使用 display()方法展示即可，结果如图 8-1 所示。可以看到，每一张图像的大小及比例都不一样，我们将在数据预处理过程将它们处理为同一尺寸。

```
for n in range(3):
    image_path = random.choice(all_image_paths)
    display.display(display.Image(image_path))
```

我们把数据集拆分成训练集和验证集，由于数据数量比较小，因此以验证集结果为最终结果。通常，我们把每个类别的图像放在以这个类别命名的文件夹中。我们把数据集按 8∶2 进行拆分，然后复制到新的目录作为后续数据集。

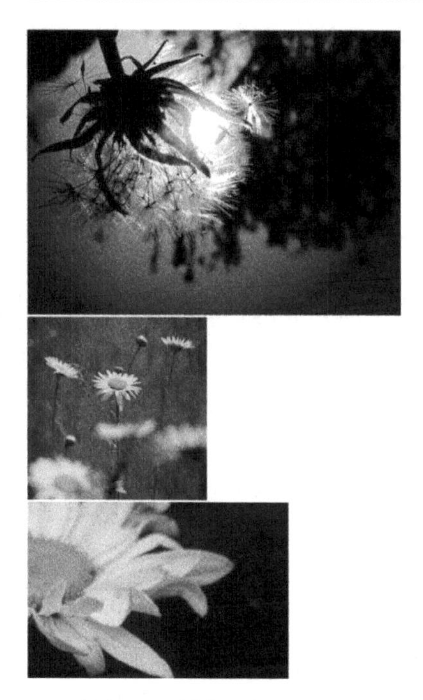

图 8-1 图像预览

```
# 使用train_test_split()方法拆分数据集
train_x, valid_x, train_y, valid_y = train_test_split(all_image_paths,
                                                      all_image_labels,
                                                      train_size = 0.8,
                                                      random_state = 104)

def crate_sub_dataset(images, labels, dataset_path):
    for index, image_path in enumerate(images):
        image_label = labels[index]

        # 创建标签数据集目录
        target_dir = os.path.join(dataset_path, image_label)
        pathlib.Path(target_dir).mkdir(parents=True, exist_ok=True)

        # 复制图像文件到目标文件夹
        target_path = os.path.join(target_dir, pathlib.Path(image_path).name)
        shutil.copyfile(image_path, target_path)
    return dataset_path

# 删除已存在的文件
shutil.rmtree('data/flower-set/train', ignore_errors=True)
```

```
shutil.rmtree('data/flower-set/valid', ignore_errors=True)

train_dataset_path = crate_sub_dataset(train_x, train_y, 'data/flower-set/train')
valid_dataset_path = crate_sub_dataset(valid_x, valid_y, 'data/flower-set/valid')
```

8.1.2 数据集预处理

现在我们已经把数据集拆分成训练集和验证集，并且存储到相应的目录。在将数据输入神经网络前，我们需要从磁盘读取图像，并将其转换成浮点型张量。其具体处理步骤如下。

（1）读取图像文件。

（2）将文件解码为 RGB 像素网格。

（3）将这些像素网格转换为浮点型张量。

（4）将数据归一化，把像素值 0～255 缩放到[0, 1]。

这些步骤看似麻烦，不过不用担心，tf.keras.preprocessing.image 这个图像预处理模块提供了一些辅助工具来实现这些流程。在开始处理图像前，首先需要安装 Python 图像处理框架（Python Imaging Library，PIL）。由于 PIL 功能非常强大，同时提供简单、易用的 API，因此其已经成为 Python 平台上的图像处理标准库。Pillow 是 PIL 的替代版本，支持 Python 3.x。打开终端，执行下面的语句安装 Pillow。

```
pip install pillow
```

在 Pillow 安装完成后，我们用 ImageDataGenerator 类创建两个图像数据生成器。它们能够将硬盘上的图像文件自动转换为预处理好的张量。

```
from tensorflow.keras.preprocessing.image import ImageDataGenerator

# 创建两个生成器，rescale 属性表示将图像张量乘以 1/255 来进行归一化
train_datagen = ImageDataGenerator(rescale=1./255)
valid_datagen = ImageDataGenerator(rescale=1./255)

# 使用生成器，读取目录中的图像
train_generator = train_datagen.flow_from_directory(
    directory=train_dataset_path, # 数据读取的目录
    target_size=(192, 192),       # 张量尺寸，所有图像将缩减至指定尺寸
    batch_size=100)               # 批次大小

valid_generator = valid_datagen.flow_from_directory(
    directory=valid_dataset_path,
    target_size=(192, 192),
    batch_size=100)
```

我们创建了两个图像数据生成器，即训练数据生成器和验证数据生成器。当我们迭代任意一个生成器时，每次返回一个[100,192,192,3]形状的张量和一个[100,5]形状的张量。第一个张量为输入特征，表示 100 个形状为[192,192,3]的样本；第二个张量为输出标签，表示 100 个样本的五分类 one-hot 标签。需要注意的是，这两个生成器是无限循环生成器，会循环目标文件夹中的图像。因此，我们需要在恰当的时机用 break 终止循环。

```
for data_batch, label_batch in train_generator:
    print(f"data_batch shape: {data_batch.shape}")
    print(f"label_batch shape: {label_batch.shape}")
    break
# data_batch shape: (100, 192, 192, 3)
# label_batch shape: (100, 5)
```

8.1.3 简单的卷积神经网络

在预处理好图像数据生成器后，我们用这两个生成器来训练模型。用生成器训练模型需要使用 fit_generator()方法，它的效果和 fit()方法一致。我们先用第 7 章介绍的卷积神经网络来熟悉一下 fit_generator()方法。

fit_generator() 方法的第一个参数为一个训练数据生成器，可以不停地生成输入特征和输出标签组成的批次（batch）。因为训练数据生成器是不断生成的，所以还需要指定 steps_per_epoch 参数来表示每一轮中需要从训练数据生成器中取出多少个批次。本例中的训练样本数量为 2936，每个批次包含 100 个样本，因此 steps_per_epoch 为 30。

在使用 fit_generator()时，我们还可以传入一个 validation_data 参数，其作用和在 fit()方法中类似。值得注意的是，这个参数既可以输入一个验证数据生成器，又可以输入 NumPy 数组组成的元组。如果 validation_data 传入一个验证数据生成器，那么这个生成器也需要指定 validation_steps 参数。本例中的验证样本数量为 734 个，每个批次包含 100 个样本，因此 validation_steps 为 8。

```
import tensorflow as tf
import matplotlib.pyplot as plt
from tensorflow import keras

plt.rcParams['figure.dpi'] = 180

L = keras.layers

# 构建和编译模型
base_model = keras.Sequential([
    L.Conv2D(input_shape=(192, 192, 3), filters=32, kernel_size=5, strides=1),
```

```
    L.MaxPool2D(pool_size=2, strides=2),
    L.Conv2D(filters=64, kernel_size=3, strides=1),
    L.MaxPool2D(pool_size=2, strides=2),
    L.Flatten(),
    L.Dense(64, activation=tf.nn.relu),
    L.Dense(5, activation=tf.nn.softmax)
])
base_model.compile(optimizer=tf.optimizers.RMSprop(),
                   loss=tf.losses.CategoricalCrossentropy(),
                   metrics=['accuracy'])
base_model.summary()

# 使用 fit_generator()方法训练模型
history = base_model.fit_generator(
      train_generator,                   # 训练数据生成器
      steps_per_epoch=30,                # 训练批次
      epochs=50,                         # 总共的训练轮数
      validation_data=valid_generator, # 验证数据生成器
      validation_steps=8)                # 验证批次
```

我们用 Matplotlib 展示模型在训练过程中的准确率和损失（见图 8-2），绘制图像的代码如下。

```
def visualize_keras_history(history):
    plt.figure()
    # 设定子图的大小
    plt.subplots(figsize=(10,9))

    plt.subplot(2, 2, 1)
    plt.plot(history.history['accuracy'], label='accuracy')
    plt.plot(history.history['val_accuracy'], label='val_accuracy')
    plt.legend()
    plt.title('train and validate accuracy') # 添加图形标题

    plt.subplot(2, 2, 2)
    plt.plot(history.history['loss'], label='loss')
    plt.plot(history.history['val_loss'], label='val_loss')
    plt.legend()
    plt.title('train and validate loss') # 添加图形标题

    plt.show()

visualize_keras_history(history)
```

可以看到，随着训练次数不断增加，训练准确率也在不断提高直到接近 100%。但是，经过 10 轮训练后，验证准确率不再上升，保持在 55%左右。训练损失持续下降到接近 0，验证

损失在 10 轮训练后就不再下降了。这里明显出现了过拟合。在上文，我们介绍了几种解决过拟合问题的方法，如使用 Dropout 和权重正则化。现在，我们尝试使用一种针对计算机视觉领域的新方法。在使用深度学习模型处理图像时，一般会用到这种方法，它就是**数据增强**（data augmentation）。

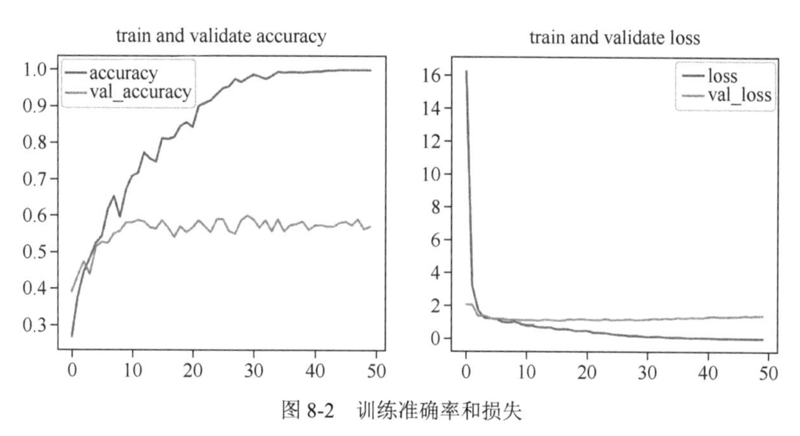

图 8-2 训练准确率和损失

8.1.4 数据增强

出现过拟合的原因是学习样本太少，导致无法训练出能够泛化到新数据的模型。在图像识别任务中，我们希望模型能够识别处在不同视角、位置、照明，以及不同大小时的同一个物体。在现实场景中，我们通过对图像进行随机翻转、旋转、亮度调节、缩放等处理，增加样本数量。这让模型能够观察到更多的数据，从而具有更好的泛化能力。

下面我们看看如何使用 ImageDataGenerator 类读取图像并进行多次随机变换，结果如图 8-3 所示。

```
import tensorflow as tf
from tensorflow import keras
from tensorflow.keras.preprocessing.image import ImageDataGenerator, load_img, img_to_array
import matplotlib.pyplot as plt

plt.rcParams['figure.dpi'] = 180

L = keras.layers

# 读取表示某一张图像的张量
img_path = './data/flower_photos/dandelion/5909154147_9da14d1730_n.jpg'
img = load_img(img_path, target_size=(220, 220)) # 读取图像
x = img_to_array(img)                            # 将图像转换为 NumPy 数组
x = x.reshape((1,) + x.shape)                    # 将图像形状改为(1, 220, 220, 3)
```

```
# 初始化图像数据生成器
random_data_gen = ImageDataGenerator(
    rescale=1./255,                # 归一化
    rotation_range=40,             # 图像旋转的范围
    width_shift_range=0.2,         # 图像水平平移的范围(相对宽度的比例)
    height_shift_range=0.2,        # 图像垂直平移的范围(相对宽度的比例)
    shear_range=0.2,               # 图像错切变换的角度范围
    zoom_range=0.2,                # 图像缩放的范围
    brightness_range=(0.6, 1.2),   # 图像亮度调整的范围
    horizontal_flip=True           # 是否随机水平翻转
)

# 生成随机变换后的批次。由于循环是无限的,因此需要手动使用break来中断
i = 0
plt.figure(figsize=(12,12))
# random_data_gen.flow()方法使用给定的文件路径数组初始化一个生成器
for batch in random_data_gen.flow(x, batch_size=1):
    plt.subplot(2, 2, i+1)
    plt.imshow(batch[0])
    plt.grid(False)

    i = i + 1
    if i == 4:
        break
plt.show()
```

图8-3 图像通过随机增强产生的结果

现在，我们使用增强的数据再次训练简单的卷积神经网络。在进行数据增强后，模型中不再会多次使用同样的输入进行训练。新的训练代码如下。

```
random_data_gen = ImageDataGenerator(
    rescale=1./255,                # 归一化
    rotation_range=40,             # 图像旋转的范围
    width_shift_range=0.2,         # 图像水平平移的范围（相对宽度的比例）
    height_shift_range=0.2,        # 图像垂直平移的范围（相对宽度的比例）
    shear_range=0.2,               # 图像错切变换的角度范围
    zoom_range=0.2,                # 图像缩放的范围
    brightness_range=(0.6, 1.2),   # 图像亮度调整的范围
    horizontal_flip=True)          # 是否随机水平翻转

# 不能增强验证集数据
valid_data_gen = ImageDataGenerator(rescale=1./255)

train_aug_gen = random_data_gen.flow_from_directory(
        train_dataset_path,
        target_size=(192, 192),
        batch_size=100,
        class_mode='categorical')

valid_aug_gen = valid_data_gen.flow_from_directory(
        valid_dataset_path,
        target_size=(192, 192),
        batch_size=100,
        class_mode='categorical',
        shuffle=False)

# 再次使用同样的模型，以便对效果进行对比
base_model = keras.Sequential([
    L.Conv2D(input_shape=(192, 192, 3), filters=32, kernel_size=5, strides=1),
    L.MaxPool2D(pool_size=2, strides=2),
    L.Conv2D(filters=64, kernel_size=3, strides=1),
    L.MaxPool2D(pool_size=2, strides=2),
    L.Flatten(),
    L.Dense(64, activation=tf.nn.relu),
    L.Dense(5, activation=tf.nn.softmax)
])
base_model.compile(optimizer=tf.optimizers.RMSprop(),
                  loss=tf.losses.CategoricalCrossentropy(),
                  metrics=['accuracy'])
base_model.summary()
```

```
# 由于这个模型不会出现过拟合，因此我们训练 100 轮以获得更好的结果
aug_history = base_model.fit_generator(
      train_aug_gen,                      # 训练数据生成器
      steps_per_epoch=30,                 # 训练批次
      epochs=100,                         # 总共的训练轮数
      validation_data=valid_aug_gen,      # 验证数据生成器
      validation_steps=8)                 # 验证批次
```

我们再次利用 Matplotlib 展示模型在训练过程中的准确率和损失（见图 8-4），可以看到，这次训练 100 轮后依然没有出现过拟合。模型在训练集上的准确率达到了 70%，比不使用数据增强提高了约 15%。虽然我们解决了过拟合问题，但模型的准确率仅为 70%，并不算很好。下面我们使用迁移学习来提高准确率。

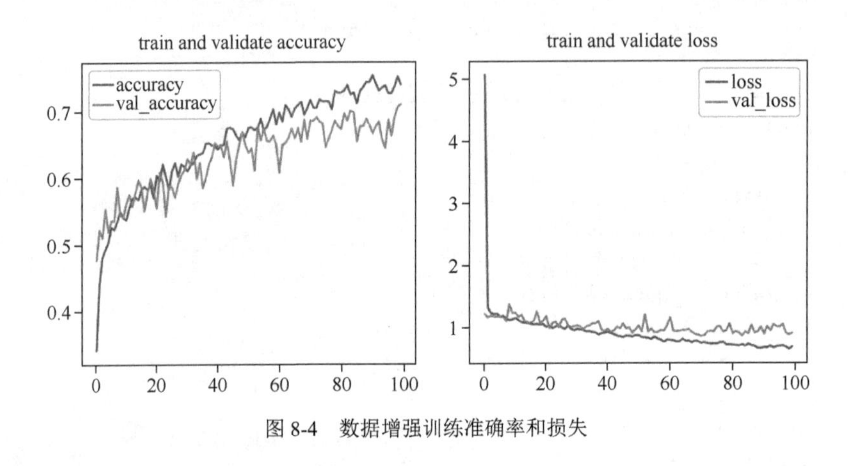

图 8-4 数据增强训练准确率和损失

8.2 迁移学习

人可以把在一个领域学习的知识和经验应用到相似的领域。因此，当人面临新的情景时，该情景与之前的经验越相似，人就能越快掌握该领域的知识。而传统的深度学习方法会把不同的任务看成完全独立的，比如我们已经构建了一个大型的图像识别模型，但是，当需要构建一个狗猫分类模型时，还需要从头开始训练，不能利用之前学习的经验。迁移学习便是受此启发，试图将模型从源任务上训练得到的知识迁移到目标任务的应用上。

迁移学习并不是一种特定的深度学习模型，它更像是一种优化技巧。通常，深度学习任务要求测试集和训练集有相同的概率分布，然而，在一些情况下，往往会缺乏足够大的有针对性的数据集来满足一个特定的训练任务。迁移学习使得我们可以在一个通用的大数据集上进行一定量的训练后，再利用具备针对性的小数据集进行进一步的强化训练。

8.2.1 VGG16 预训练模型

我们以 VGG16 模型为例介绍一下迁移学习的原理。VGG 是指由 Simonyan 和 Zisserman 在文献 *Very Deep Convolutional Networks for Large Scale Image Recognition* 中提出的卷积神经网络模型，其名称来源于作者所在的牛津大学 Visual Geometry Group（视觉几何组）的首字母。该模型参加了 2014 年的 ImageNet 图像分类与定位挑战赛，取得了优异成绩：在分类任务上排名第二，在定位任务上排名第一。

常见的 VGG 模型有 VGG16 和 VGG19。二者的表现相差不大，但是 VGG16 模型更简单，速度更快。于是，我们使用 VGG16 作为基础模型来进行迁移学习。VGG16 模型的结构如图 8-5 所示，我们可以把它分成 5 个卷积块和 3 个全连接层。

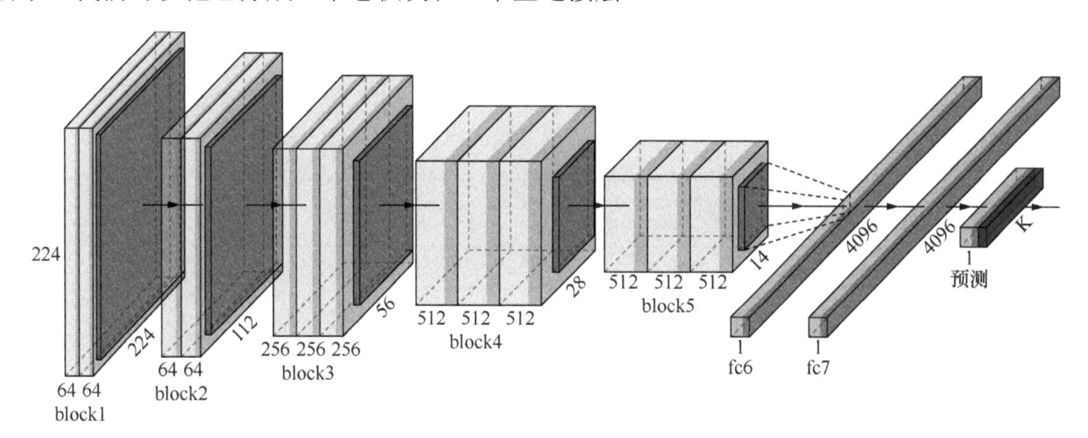

图 8-5 VGG16 模型的结构可视化

tensorflow.keras.applications 模块包含了很多经典模型，其中就包括 VGG16。下面我们用 tf.keras 内置的 VGG16 类初始化一个使用 ImageNet 1000 分类数据集预训练的模型。

```
from tensorflow.keras.applications import VGG16

vgg = VGG16(weights='imagenet')
vgg.summary()
```

调用 vgg.summary()方法后输出的模型结构如下。

```
_________________________________________________________________
Layer (type)                 Output Shape              Param #
=================================================================
input_6 (InputLayer)         [(None, 224, 224, 3)]     0
_________________________________________________________________
block1_conv1 (Conv2D)        (None, 224, 224, 64)      1792
```

```
_________________________________________________________________
block1_conv2 (Conv2D)        (None, 224, 224, 64)      36928
_________________________________________________________________
block1_pool (MaxPooling2D)   (None, 112, 112, 64)      0
_________________________________________________________________
block2_conv1 (Conv2D)        (None, 112, 112, 128)     73856
_________________________________________________________________
block2_conv2 (Conv2D)        (None, 112, 112, 128)     147584
_________________________________________________________________
block2_pool (MaxPooling2D)   (None, 56, 56, 128)       0
_________________________________________________________________
block3_conv1 (Conv2D)        (None, 56, 56, 256)       295168
_________________________________________________________________
block3_conv2 (Conv2D)        (None, 56, 56, 256)       590080
_________________________________________________________________
block3_conv3 (Conv2D)        (None, 56, 56, 256)       590080
_________________________________________________________________
block3_pool (MaxPooling2D)   (None, 28, 28, 256)       0
_________________________________________________________________
block4_conv1 (Conv2D)        (None, 28, 28, 512)       1180160
_________________________________________________________________
block4_conv2 (Conv2D)        (None, 28, 28, 512)       2359808
_________________________________________________________________
block4_conv3 (Conv2D)        (None, 28, 28, 512)       2359808
_________________________________________________________________
block4_pool (MaxPooling2D)   (None, 14, 14, 512)       0
_________________________________________________________________
block5_conv1 (Conv2D)        (None, 14, 14, 512)       2359808
_________________________________________________________________
block5_conv2 (Conv2D)        (None, 14, 14, 512)       2359808
_________________________________________________________________
block5_conv3 (Conv2D)        (None, 14, 14, 512)       2359808
_________________________________________________________________
block5_pool (MaxPooling2D)   (None, 7, 7, 512)         0
_________________________________________________________________
flatten (Flatten)            (None, 25088)             0
_________________________________________________________________
fc1 (Dense)                  (None, 4096)              102764544
_________________________________________________________________
fc2 (Dense)                  (None, 4096)              16781312
_________________________________________________________________
predictions (Dense)          (None, 1000)              4097000
=================================================================
Total params: 138,357,544
```

```
Trainable params: 138,357,544
Non-trainable params: 0
_________________________________________________________________
```

8.2.2 特征提取

通俗地讲，特征提取（feature extraction）就是使用预训练的模型抽象化输入特征（把输入转换成对应的张量），然后用这个抽象的特征实现一个图像分类模型。图像分类的卷积神经网络通常可以分为两大部分，第一部分是由一系列卷积层和池化层组成的**卷积基**，第二部分是由全连接层组成的**分类器**。这两部分通常通过一个 Flatten 层连接。

因为卷积基通常学到更加通用的特征表示，所以适合复用。因为分类器通常使用卷积基输出的抽象特征来推断具体的分类，所以不适合复用。模型中更靠近输入的层提取的是局部的、高度通用的特征（如视觉边缘、颜色和纹理），而更靠近输出的层提取的是更加抽象的概念（如“猫耳朵”或“狗眼睛”）。

我们使用 VGG16 的卷积（卷积基等于卷积块 1 到卷积块 5）和我们的分类器构建新的模型（见图 8-6）。

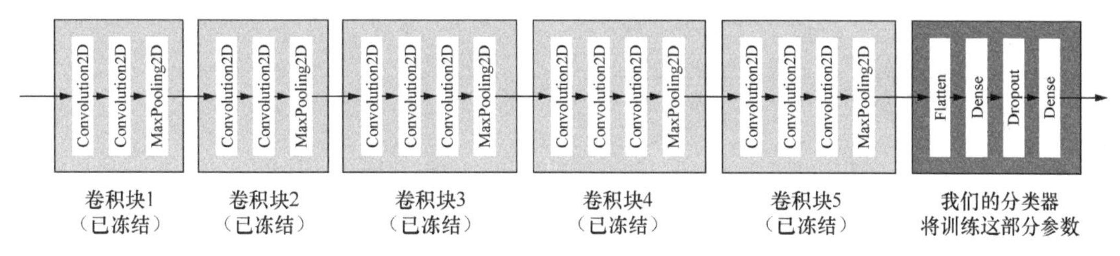

图 8-6 VGG16 特征提取模型

现在我们使用 tf.keras 内置的 VGG16 模型初始化一个卷积基，然后进行特征提取。

```
import tensorflow as tf
from tensorflow import keras
from tensorflow.keras.applications import VGG16

vgg_base = VGG16(weights='imagenet',       # 加载 imagenet 权重，如果传入 None，则随机初始化权重
                 include_top=False,        # 是否包括模型最后的分类器，这里不需要
                 input_shape=(192,192,3)) # 输入图像的尺寸
vgg_base.summary()
```

调用 vgg_base.summary()方法后输出的模型结构如下。

```
_________________________________________________________________
Layer (type)                 Output Shape              Param #
```

```
=================================================================
input_11 (InputLayer)        [(None, 192, 192, 3)]      0
_________________________________________________________________
block1_conv1 (Conv2D)        (None, 192, 192, 64)       1792
_________________________________________________________________
block1_conv2 (Conv2D)        (None, 192, 192, 64)       36928
_________________________________________________________________
block1_pool (MaxPooling2D)   (None, 96, 96, 64)         0
_________________________________________________________________
block2_conv1 (Conv2D)        (None, 96, 96, 128)        73856
_________________________________________________________________
block2_conv2 (Conv2D)        (None, 96, 96, 128)        147584
_________________________________________________________________
block2_pool (MaxPooling2D)   (None, 48, 48, 128)        0
_________________________________________________________________
block3_conv1 (Conv2D)        (None, 48, 48, 256)        295168
_________________________________________________________________
block3_conv2 (Conv2D)        (None, 48, 48, 256)        590080
_________________________________________________________________
block3_conv3 (Conv2D)        (None, 48, 48, 256)        590080
_________________________________________________________________
block3_pool (MaxPooling2D)   (None, 24, 24, 256)        0
_________________________________________________________________
block4_conv1 (Conv2D)        (None, 24, 24, 512)        1180160
_________________________________________________________________
block4_conv2 (Conv2D)        (None, 24, 24, 512)        2359808
_________________________________________________________________
block4_conv3 (Conv2D)        (None, 24, 24, 512)        2359808
_________________________________________________________________
block4_pool (MaxPooling2D)   (None, 12, 12, 512)        0
_________________________________________________________________
block5_conv1 (Conv2D)        (None, 12, 12, 512)        2359808
_________________________________________________________________
block5_conv2 (Conv2D)        (None, 12, 12, 512)        2359808
_________________________________________________________________
block5_conv3 (Conv2D)        (None, 12, 12, 512)        2359808
_________________________________________________________________
block5_pool (MaxPooling2D)   (None, 6, 6, 512)          0
=================================================================
Total params: 14,714,688
Trainable params: 14,714,688
Non-trainable params: 0
_________________________________________________________________
```

可以看到，最后一层输出的特征是形状为(6, 6, 512)的张量。我们在这个输出层后面加上一个分类器。不过，在增加新层之前，我们需要先把卷积基**冻结**（freeze）。冻结是指一个或者多个层在训练中保持权重不变。如果不冻结，则训练过程中会丢失之前学到的权重，就没有办法利用之前的经验了。

```
# 冻结卷积基中的所有层
# 注意，在修改模型的层的 trainable 属性后，需要重新编译模型，否则不会生效
for layer in vgg_base.layers:
    layer.trainable = False

# 创建新模型
feature_extract_model = keras.Sequential([
    vgg_base,    # 使用卷积基模型作为第一层，相当于把这个模型中的所有的层加到新模型中
    L.Flatten(), # 使用一个 Flatten 把上层特征“拉平”为一维张量
    L.Dense(64, activation=tf.nn.relu),
    L.Dropout(0.5),
    L.Dense(5, activation=tf.nn.softmax)
])

feature_extract_model.compile(
    optimizer=tf.optimizers.RMSprop(lr=2e-4),
    loss=tf.losses.CategoricalCrossentropy(),
    metrics=['accuracy'])

feature_extract_model.summary()
```

现在模型的结构如下，可以看到不可训练参数为 14714688 个（来自卷积基），可训练参数为 9440261 个（来自分类器）。

```
_________________________________________________________________
Layer (type)                 Output Shape              Param #
=================================================================
vgg16 (Model)                (None, 6, 6, 512)         14714688
_________________________________________________________________
flatten_3 (Flatten)          (None, 18432)             0
_________________________________________________________________
dense_4 (Dense)              (None, 512)               9437696
_________________________________________________________________
dropout_3 (Dropout)          (None, 512)               0
_________________________________________________________________
dense_5 (Dense)              (None, 5)                 2565
=================================================================
Total params: 24,154,949
```

```
Trainable params: 9,440,261
Non-trainable params: 14,714,688
____________________________________________________________
```

现在我们可以开始训练模型了，使用与之前例子中相同的数据增强设置。

```
# 开始训练
vgg_feature_extract_hist = feature_extract_model.fit_generator(
      train_aug_gen,                     # 训练数据生成器
      steps_per_epoch=30,                # 训练批次
      epochs=30,                         # 总共的训练轮数
      validation_data=valid_aug_gen,  # 验证数据生成器
      validation_steps=8)                # 验证批次
```

我们利用 Matplotlib 展示模型训练过程中的准确率和损失（见图 8-7），可以看到，在特征提取模型训练 10 轮后，就达到了约 80%的准确率，训练 30 轮后达到了约 85%的准确率。相比之前的最好成绩（70%）提高了约 15%。相比之前的简单的卷积神经网络，特征提取模型的效果好了很多，而且由于训练参数比较小，就算用 CPU 也能很快训练完成。

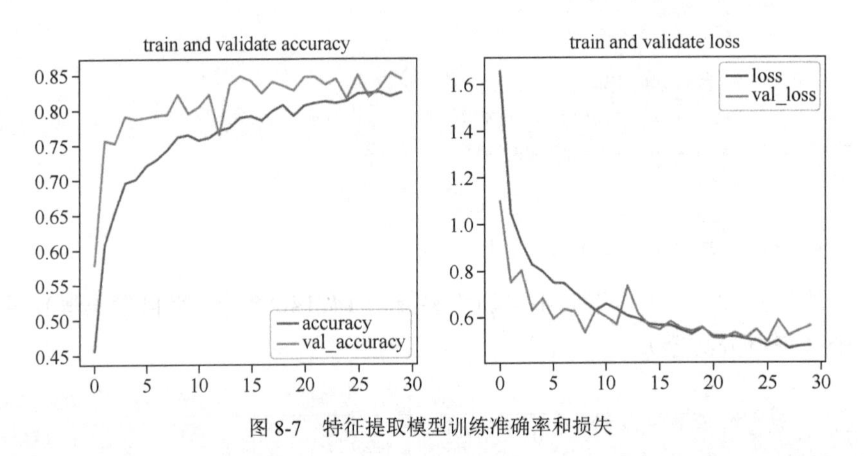

图 8-7 特征提取模型训练准确率和损失

keras.applications 模块还包含 Xception、ResNet、Inception v3 和 MobileNet 等经典的预训练模型，读者可以尝试使用这些模型进行特征提取。

8.2.3 微调模型

还有一种广泛使用的模型复用方法——**微调模型**（fine-tuning）。模型微调是指在特征提取模型的基础上，将卷积（卷积基等于卷积块 1 到卷积块 5）的最后几层解冻，将这几层和新增的部分一起训练（见图 8-8）。之所以称为“微调”，是因为它只是略微调整了所复用模型中更加抽象的表示，以便让这些表示和手头的问题更加相关。

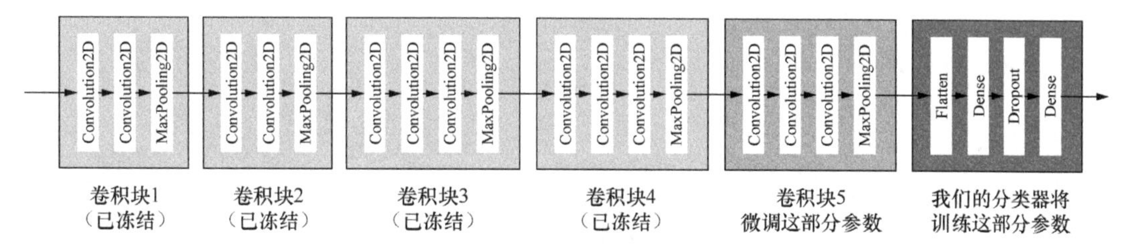

图 8-8 微调模型

微调模型的训练步骤和之前的特征提取差不多，具体如下。

（1）加载预训练好的卷积基。

（2）冻结卷积基中的卷积块 1～卷积块 4，而卷积块 5 不冻结，用来进行微调。

（3）添加新增的部分。

（4）训练模型。

当然，我们可以选择从更靠近输入端的层开始进行微调，但是微调的层越多，修改的参数就越多，破坏原先学到的权重的风险就越大。通常，我们仅微调模型最后的 3～4 层。

```
import tensorflow as tf
from tensorflow import keras
from tensorflow.keras.applications import VGG16

# 加载预训练好的 VGG16 模型卷积基
vgg_base = VGG16(weights='imagenet', include_top=False, input_shape=(192, 192, 3))

# 冻结卷积基最后 4 层以外的层
for layer in vgg_base.layers[:-4]:
    layer.trainable = False

# 创建新模型
vgg_model = keras.Sequential([
    vgg_base,
    L.Flatten(),
    L.Dense(512, activation=tf.nn.relu),
    L.Dropout(0.5),
    L.Dense(5, activation=tf.nn.softmax)
])

# 注意，这里一定要用很小的学习率，否则优化过程中会破坏最后一层的权重，达不到微调的效果
vgg_model.compile(
    optimizer=tf.optimizers.RMSprop(lr=2e-4),
    loss=tf.losses.CategoricalCrossentropy(),
    metrics=['accuracy'])
```

```
vgg_model.summary()

# 开始训练
vgg_fine_tune_hist = vgg_model.fit_generator(
      train_aug_gen,                    # 训练数据生成器
      steps_per_epoch=30,               # 训练批次
      epochs=30,                        # 总共的训练轮数
      validation_data=valid_aug_gen,    # 验证数据生成器
      validation_steps=8)               # 验证批次
```

微调模型经过 10 轮左右的训练可以达到约 85%的准确率，15 轮训练后可达到约 90%的准确率（见图 8-9）。目前，我们通过使用数据增强解决了过拟合问题，再通过迁移学习利用 VGG16 模型在 ImageNet 数据集上的预训练参数，只用 20 轮训练就取得了约 90%的准确率。因此，对于处理小数据集的图像识别任务，直接选择数据增强和微调模型就可以很轻松地取得比较好的结果。

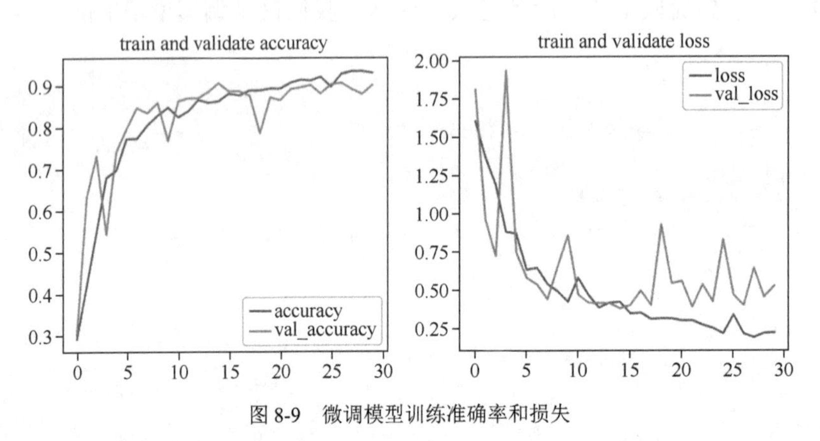

图 8-9 微调模型训练准确率和损失

8.2.4 保存模型

微调模型取得了相对来说最好的结果，现在我们把模型保存以便后续使用。需要注意的是，在保存模型的同时，我们还需要保存图像类别与图像类别索引的关系，因为模型的输出结果是一个数字索引，如果没有对应关系映射到具体的分类，这个模型就没法使用了。

```
import json

# 创建目录
model_folder = pathlib.Path('outputs/flower_recognizer/vgg_based')
model_folder.mkdir(parents=True, exist_ok=True)
```

```
# 保存模型
feature_extract_model.save(os.path.join(model_folder, 'model.h5'))
# 保存图像类别索引
with open(os.path.join(model_folder, 'label2idx.json'), 'w') as f:
    f.write(json.dumps(train_aug_gen.class_indices))
```

8.3 TensorFlow Hub

TensorFlow Hub 是谷歌在 2018 年 4 月推出的模型仓库。我们可以利用 TensorFlow Hub 探索他人分享的模型，用于推断或者迁移学习，从而实现模型的复用。同时，也可以将自己的预训练模型发布到 TensorFlow Hub，提供给他人使用。

目前，TensorFlow Hub 中的文本、图像和视频相关的预训练模型可应用于分类、生成、增强等多种场景。以图像分类为例，谷歌提供了基于 ImageNet 数据集预训练的 Inception、MobileNet、ResNet、NASNet 模型（见图 8-10），它们既可以用于直接分类，又可以用于提取特征向量来进行迁移学习。

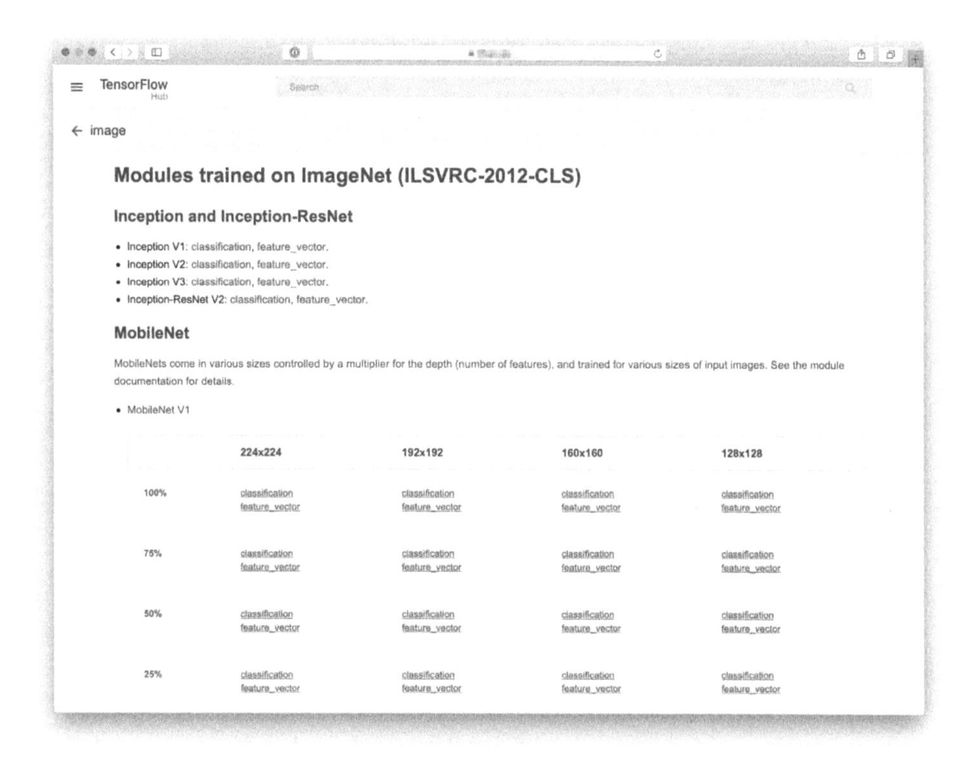

图 8-10　TensorFlow Hub 的图像模型页面（部分截图）

在终端，我们可以执行以下代码安装 TensorFlow Hub。

```
pip install tensorflow_hub
```

我们选择对移动端友好的图像分类模型 MobileNet V2。MobileNet V2 提供了不同的图像输入尺寸和不同的模型深度，此处我们选择 192 像素×192 像素的图像尺寸和 100%模型深度。

TensorFlow Hub 提供了 KerasLayer 类。KerasLayer 类可以把 TensorFlow Hub 模型转换成 TensorFlow 2 的 tf.keras 层的对象。初始化 KerasLayer 类需要指定以下 3 个参数。

- **handle**：TensorFlow Hub 模型 URL。
- **trainable**：表示是否可训练，默认值为 False。在将该参数设置为 False 时，表示特征提取；在将该参数设置为 True 时，表示模型微调。
- **input_shape**：模型输入张量形状。

注意：出于网络原因，可能无法下载 TensorFlow Hub 模型，此时，可以把域名替换为镜像站点 hub.tensorflow.google.cn。

```
import tensorflow as tf
import tensorflow_hub as hub

MODEL_PATH = "https://hub.tensorflow.google.cn/google/imagenet/mobilenet_v2_100_192/
classification/4"

hub_model = tf.keras.Sequential([
    # 初始化 MobileNet 层
    hub.KerasLayer(MODEL_PATH,
                   input_shape=(192, 192, 3),
                   trainable=True),
    # 在 MobieNet 后面拼接分类层
    L.Dense(512, activation=tf.nn.relu),
    L.Dropout(0.5),
    L.Dense(5, activation=tf.nn.softmax)
])

hub_model.compile(
    optimizer=tf.optimizers.RMSprop(lr=2e-4),
    loss=tf.losses.CategoricalCrossentropy(),
    metrics=['accuracy'])

# 开始训练
hub_model_his = hub_model.fit_generator(
      train_aug_gen,                # 训练数据生成器
      steps_per_epoch=30,           # 训练批次
```

```
        epochs=30,                          # 总共的训练轮数
        validation_data=valid_aug_gen,  # 验证数据生成器
        validation_steps=8)                 # 验证批次
```

在训练完成后，我们使用 8.2.4 节介绍的方法，把 MobileNet 微调模型保存到 outputs/flower_recognizer/ mobile_net 目录。MobileNet 微调模型经过 10 轮左右的训练可以达到约 90%的准确率，15 轮训练可达到约 92%的准确率（见图 8-11），略好于 VGG16 迁移模型。此外，MobileNet 微调模型的参数远小于 VGG16。VGG16 模型的大小为 61MB，而 MobileNet 模型的大小为 8.1MB。

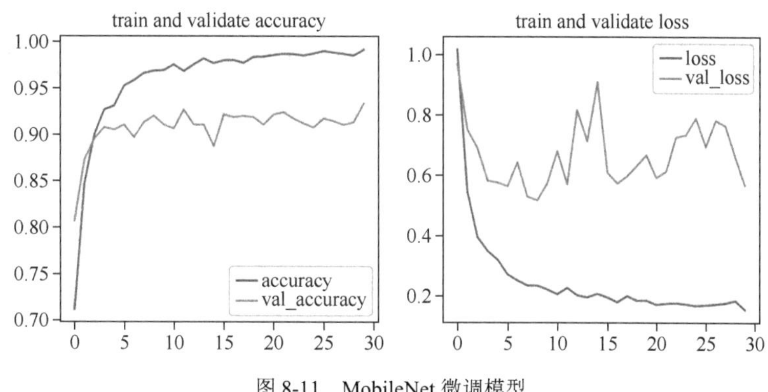

图 8-11　MobileNet 微调模型

本章小结

本章首先介绍了如何读取磁盘中的图像数据，以及如何进行数据预处理和数据增强。在图像识别问题中，数据增强是一个非常有效的扩展数据集的方案。然后，本章介绍了如何实现迁移学习。借助迁移学习，使用非常小的数据集就可以训练出泛化能力很好的模型。读者可以尝试使用数据增强和迁移学习的方案训练自己的图像分类模型或者使用 Inception 等预训练模型实现自己的分类模型。

第 9 章

图像风格迁移

图像风格迁移是指利用算法学习图像的风格，然后把这种风格应用到另一张图像上的技术。自 2015 年 Leon Gatys 等人提出**神经风格迁移**（neural style transfer）以来，对神经风格迁移已经做了很多改进，衍生出很多课题，并成功转化出了许多智能图像处理软件，如 Prisma。本章介绍原始的神经风格迁移算法。

本章要点：

- 图像的风格和内容；
- 自定义损失函数；
- 自定义训练循环；
- 特定模型层特征提取。

9.1 神经风格迁移的原理

在介绍神经风格迁移的原理之前，我们先了解两个概念——**风格**（style）和**内容**（content）。风格是指图像在不同空间尺度的纹理、颜色和视觉图案；内容是指图像的高级宏观结构，例如图像中的建筑、人物等。

在神经网络出现之前，图像风格迁移的程序有一个共同的实现思路：分析某一种风格的图像，给那一种风格建立一个数学模型或者统计模型，再改变要做风格迁移的图像，让它能更好地符合建立的模型。这样做出来的效果还是不错的，但有一个缺点：一个程序只能迁移某一种风格或者适用于某一种场景。因此，基于传统风格迁移的实际应用非常有限。

风格迁移的想法与纹理生成的想法密切相关。在 2015 年开发出神经风格迁移之前，纹理生成在图像处理领域有着悠久的历史。纹理生成包含一个重要的思想：纹理可以用图像局部特征的统计模型来描述。

2015 年，Leon Gatys 等人发表了两篇论文：*Texture Synthesis Using Convolutional Neural Networks* 和 *A Neural Algorithm of Artistic Style*。第一篇论文主要讲解了如何进行纹理生成，其

创新点是用深度学习来给纹理建模。之前说到纹理生成的一个重要思想是纹理能够通过图像局部特征的统计模型来描述，而手动建模的方法太麻烦了。这篇论文的作者在阅读物体识别相关的论文时发现，VGG16 模型其实就是一堆局部特征识别器。这篇论文的作者使用 VGG16 提取图像局部特征后，使用格拉姆矩阵（Gramian matrix）公式计算不同局部特征的相关性，把它变成了一个统计模型，于是就有了一个不用手动建模就能生成纹理的方法。而纹理能够描述一个图像的风格，因此可以使用这个方法提取图像纹理，如图 9-1 所示。

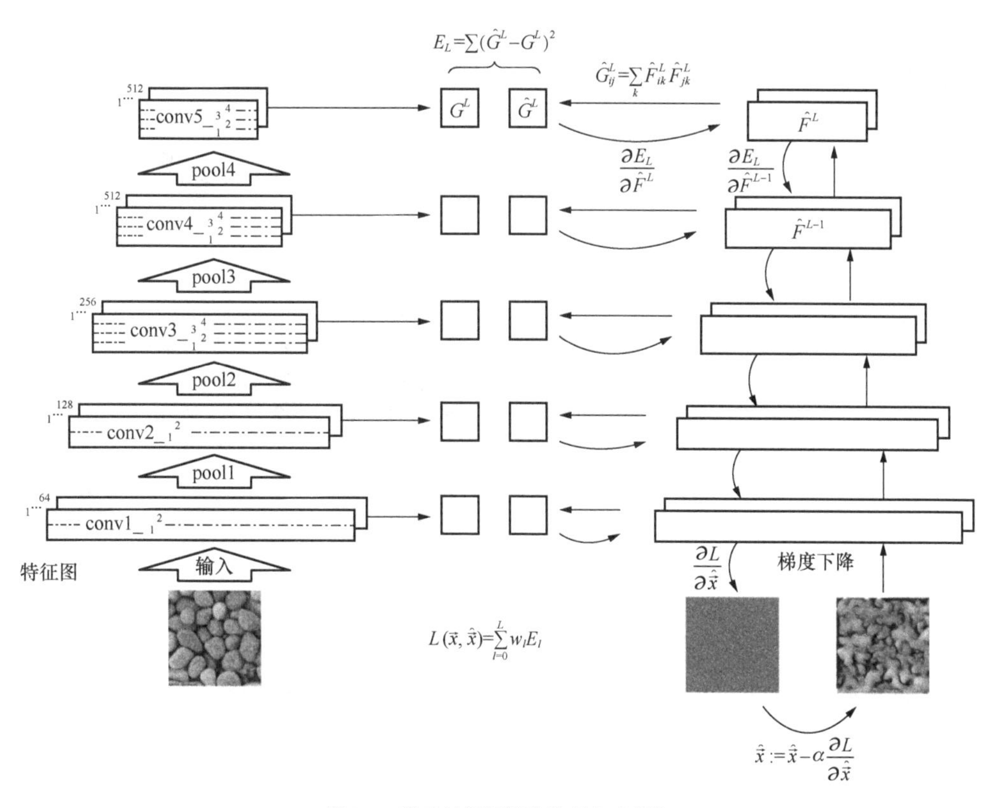

图 9-1 基于神经网络的纹理生成算法

下一步是如何只提取图片内容而不包括图片风格。这就是上述第二篇论文做的事情：他们把物体识别模型再拿出来用了一遍，这次不用格拉姆矩阵计算统计模型了，直接把局部特征当成近似的图片内容，这样就得到了一个把图片内容和图像风格分开的系统（见图 9-2）。

剩下的问题是如何定义损失函数来指定想要实现的目标，然后把这个损失最小化。我们想达到的目标就是保存原始图像的内容，同时采用风格图像的风格。在上文，我们介绍了内容和风格的概念，下面给出计算损失的公式。

loss = distance(style(style_image) − style(generated_image)) +
distance(content(content_image) − content(generated_image))

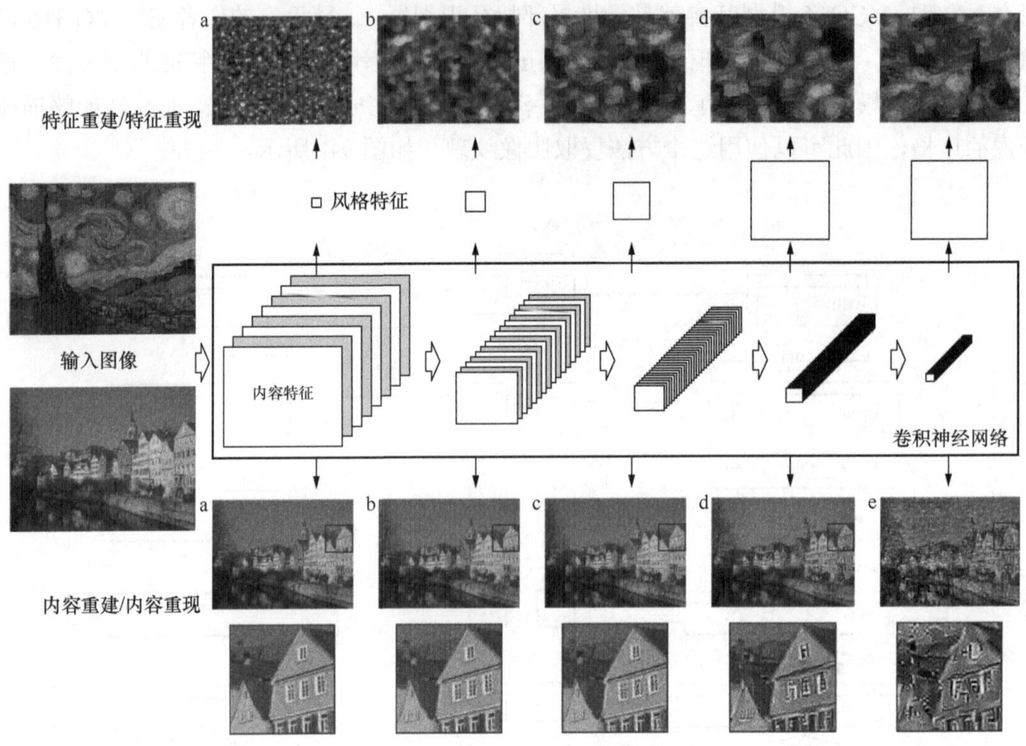

图 9-2 基于神经网络提取纹理和提取内容
（图片来自论文 *A Neural Algorithm of Artistic Style*）

其中distance()函数是一个范数函数，例如 L2 范数；content()是内容函数，输入一张图像，输出该图像的内容张量；style()是风格函数，输入一张图像，输出该图像的风格张量。我们将这个损失最小化，使生成的图像（generated_image）的风格接近于风格图像（style_image）而内容接近于内容图像（content_image），从而实现风格转移。

9.1.1 内容损失

卷积神经网络更加靠近底部（输入端）的层包含图像的局部信息，而更靠近顶部（输出端）的层则包含**全局**和更加**抽象**的信息。卷积神经网络不同层的激活用另一种方式提供了图像内容在不同空间尺度上的分解。因此，图像的内容是全局和更加抽象的，我们认为它能够被卷积神经网络更靠近顶部的层的表示所捕捉到。

当使用 VGG16 模型中的 block1_conv2（见图 9-2 中的 a）、block2_conv2（见图 9-2 中的 b）、block3_conv2（见图 9-2 中的 c）、block4_conv2（见图 9-2 中的 d）、block5_conv2（见图 9-2 中的 e）

层重建输入图像时，我们可以发现，从卷积神经网络的低层重建会接近完美（见图 9-2 中的 a～c）。在网络的高层，细节像素信息会丢失，但高层的图像内容会被保留（见图 9-2 中的 d 和 e）。因此，我们可以选择将 block4_conv2 和 block5_conv2 捕获的特征作为内容特征。Leon Gatys 等人选择将 block4_conv2 捕获的特征作为内容特征。

我们可以通过对比内容图像的内容特征和生成图像的内容特征来计算内容损失。

9.1.2 风格损失

Leon Gatys 等人在定义内容损失时只用了一个更靠近顶部的层，但在定义风格损失时，则使用了卷积神经网络的多个层。我们想要捕捉卷积神经网络在风格图像的所有空间尺度上的外观，而不是仅仅在单一尺度上。对于风格损失，Leon Gatys 等人使用了层激活的**格拉姆矩阵**，即某一层特征图的内积。这个内积可以理解成表示该层特征之间相互关系的映射。这些特征之间的相互关系抓住了在特定的空间尺度下模式的统计规律。从以往的经验来看，这个内积对应这个空间尺度上找到的纹理的外观。

因此，计算风格损失的目的是在风格图像与生成图像之间，在不同的激活层保存相似的内部相互关系。这保证了在风格图像与生成图像之间，在不同空间尺度找到的纹理看起来相似。

接下来，我们使用 tf.keras 实现神经风格迁移算法。

9.2 实现神经风格迁移算法

神经风格迁移算法可以通过使用任何预训练的卷积神经网络来实现，我们使用 Leon Gatys 等人使用的 VGG19 模型。在随书代码仓库的 chapter-9 目录中，包含了本章所有的代码，而图像保存在 data/style-tranfer 目录。神经风格迁移的流程如图 9-3 所示。

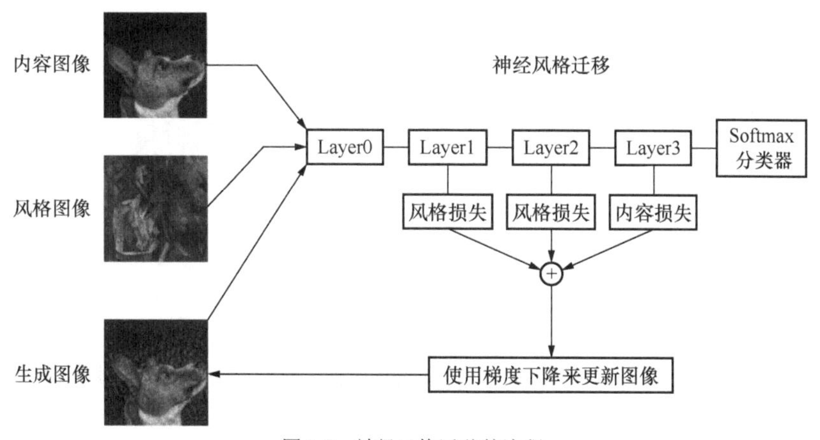

图 9-3 神经风格迁移的流程

（1）使用预训练模型创建一个卷积神经网络，它能够同时计算风格图像、目标图像和生成图像的激活层。

（2）使用在这3个图像上计算的激活层来定义内容损失和风格损失。

（3）设置一个梯度下降过程来将这个损失函数的结果最小化。

首先，我们引入全部的依赖，并且定义一些全局变量。

```
# 引入后续需要的依赖
from typing import List, Tuple

import matplotlib.pyplot as plt
import numpy as np
import tensorflow as tf
from PIL import Image
from IPython import display
from tensorflow import keras
from tensorflow.keras.models import Model
from tensorflow.keras.preprocessing import image as kp_image

plt.rcParams['figure.dpi'] = 180
plt.rcParams['figure.figsize'] = (20, 10)
plt.rcParams['axes.grid'] = False

# 图像路径
STYLE_IMAGE_PATH = 'data/style-tranfer/style.jpg'
CONTENT_IMAGE_PATH = 'data/style-tranfer/content.jpg'

# 内容输出层
CONTENT_LAYERS = [
    'block4_conv2'
]

# 风格输出层
STYLE_LAYERS = [
    'block1_conv1',
    'block2_conv1',
    'block3_conv1',
    'block4_conv1',
    'block5_conv1'
]

NUM_CONTENT_LAYERS = len(CONTENT_LAYERS)
NUM_STYLE_LAYERS = len(STYLE_LAYERS)
```

接下来，我们定义几个方法，分别用于图像加载、图像预处理、图像展示和模型输出图像处理。

```python
def load_image(img_path: str, max_dim: int = 512) -> np.ndarray:
    """加载图像张量

    Args:
        img_path: 图像路径
        max_dim: 图像的最大尺寸
    Returns:
        返回图像张量的 NumPy 数组
    """
    img = Image.open(img_path)
    long = max(img.size)
    scale = max_dim / long
    img_tensor = img.resize(
        (round(img.size[0] * scale), round(img.size[1] * scale)), Image.ANTIALIAS)
    img_tensor = kp_image.img_to_array(img_tensor)
    img_tensor = np.expand_dims(img_tensor, axis=0)

    return img_tensor


def image_show(img_tensor: np.ndarray, title=None):
    """展示图像张量

    Args:
        img_tensor: 图像张量
        title: 图像标题
    """
    if len(img_tensor.shape) == 4:
        img_tensor = np.squeeze(img_tensor, axis=0)
    out = img_tensor.astype('uint8')
    plt.imshow(out)
    if title is not None:
        plt.title(title)
        plt.imshow(out)


def load_and_process_img(image_path: str) -> np.ndarray:
    """加载图像张量，并使用 VGG19 模块预处理

    Args:
        image_path: 图像路径
    Returns:
        返回预处理后的图像张量
    """
    img_tensor = load_image(image_path)
    img_tensor = keras.applications.vgg19.preprocess_input(img_tensor)
```

```
    return img_tensor


def deprocess_img(processed_img):
    """反预处理操作，vgg19.preprocess_input()方法的逆操作

    Args:
        processed_img: 模型输出的图像
    Returns:
        返回解码后的数据
    """
    x = processed_img.copy()
    if len(x.shape) == 4:
        x = np.squeeze(x, 0)

    x[:, :, 0] += 103.939
    x[:, :, 1] += 116.779
    x[:, :, 2] += 123.68
    x = x[:, :, ::-1]
    # 由于输出的数值可能是在负无穷到正无穷的范围，因此需要截断到0~255
    x = np.clip(x, 0, 255).astype('uint8')
    return x
```

下面构建VGG19模型。VGG19接受一个图像的批量输入，并且输出该图像的内容特征和风格特征。

```
def get_model()-> Model:
    """创建特征提取模型

    这个方法加载一个预训练的VGG19模型，然后提取我们的目标内容表示层和风格表示层
    使用提取的层创建一个新的模型，这个新模型接受图像输入并且输出这个图像在目标层
    中的中间输出
    Returns:
        返回一个输入图像，输出中间层结果的tf.keras模型
    """
    # 加载预训练的VGG19模型
    vgg = keras.applications.vgg19.VGG19(include_top=False, weights='imagenet')
    vgg.trainable = False

    # 从模型中提取风格表示层和内容表示层
    content_outputs = [vgg.get_layer(name).output for name in CONTENT_LAYERS]
    style_outputs = [vgg.get_layer(name).output for name in STYLE_LAYERS]

    model_outputs = content_outputs + style_outputs

    # 构建新模型
```

```
    model = Model(vgg.input, model_outputs)
    # 由于我们不训练此模型的参数，因此设置为不可训练
    for layer in model.layers:
        layer.trainable = False
    return model
```

我们定义内容损失，目的是保证生成图像的内容和目标图像的内容尽可能一致。

```
def get_content_loss(content: tf.Tensor, target_content: tf.Tensor) -> tf.Tensor:
    """计算内容损失

    Args:
        content: 基础内容特征
        target_content: 目标内容特征
    Returns:
        返回目标损失
    """
    return tf.reduce_mean(tf.square(content - target_content))
```

接下来是计算风格损失。这里我们使用一个辅助函数计算格拉姆矩阵。

```
def gram_matrix(input_tensor: tf.Tensor) -> tf.Tensor:
    """计算格拉姆矩阵

    Args:
        input_tensor: 输入张量
    Returns:
        返回计算后的格拉姆矩阵
    """
    channels = int(input_tensor.shape[-1])
    a = tf.reshape(input_tensor, [-1, channels])
    n = tf.shape(a)[0]
    gram = tf.matmul(a, a, transpose_a=True)
    return gram / tf.cast(n, tf.float32)


def get_style_loss(style: tf.Tensor, gram_target: tf.Tensor) -> tf.Tensor:
    """计算风格损失

    Args:
        style: 基础风格
        gram_target: 目标风格的格拉姆矩阵
    Returns:
        返回风格损失
    """
    gram_style = gram_matrix(style)
    return tf.reduce_mean(tf.square(gram_style - gram_target))
```

我们再定义一个计算总损失的方法。该方法把模型、预处理后的风格特征、预处理后的内容特征和生成图像作为输入，然后，计算总损失。

```
def compute_loss(model: Model,
                 generated_image: tf.Variable,
                 gram_style_features,
                 content_features) -> Tuple[tf.Tensor, tf.Tensor, tf.Tensor]:
    """计算损失

    Args:
        model: 我们使用的模型
        generated_image: 生成图像
        gram_style_features: 风格特征（格拉姆矩阵形式）
        content_features: 内容特征
    Returns:
        返回总损失、风格损失和内容损失
    """
    # 使用模型前向传播
    # 由于tf.keras的特性，因此我们可以直接把模型当成一个方法使用
    model_outputs = model(generated_image)

    content_output_features = model_outputs[:NUM_CONTENT_LAYERS]
    style_output_features = model_outputs[NUM_CONTENT_LAYERS:]

    style_score = 0
    content_score = 0

    # 在这里，我们将风格损失的权重设置为0.0001，也可以调整成其他值再看最终结果
    for target_style, comb_style in zip(gram_style_features, style_output_features):
        style_score += get_style_loss(comb_style[0], target_style) * 0.0001

    for target_content, comb_content in zip(content_features, content_output_features):
        content_score += get_content_loss(comb_content[0], target_content)

    # 获取总损失
    loss = style_score + content_score
    return loss, style_score, content_score
```

有了计算损失的方法，接下来我们定义一个计算梯度的方法。

```
def compute_grads(model: Model,
                  generated_image: tf.Variable,
                  gram_style_features: np.ndarray,
                  content_features: np.ndarray) -> Tuple[tf.Tensor, Tuple[tf.Tensor,
tf.Tensor, tf.Tensor]]:
    """计算梯度

    Args:
        model: 我们使用的模型
        generated_image: 生成图像，我们优化这个图像
        gram_style_features: 预处理后的风格特征
```

```
        content_features: 预处理后的内容特征
    Returns:
        返回计算好的梯度
    """
    with tf.GradientTape()as tape:
        all_loss = compute_loss(model=model,
                                generated_image=generated_image,
                                gram_style_features=gram_style_features,
                                content_features=content_features)
    # 计算输入图像的梯度
    total_loss = all_loss[0]
    grads = tape.gradient(total_loss, generated_image)
    return grads, all_loss
```

本例涉及的方法基本定义完成。下面我们先回顾一下神经风格迁移的流程，再通过入口方法把整个流程串接起来。这个入口方法将内容图像路径、风格图像路径和迭代次数作为参数，然后迭代指定的次数，最后返回最优图像和 20 张中间过程的图像。

```
def run_style_transfer(content_path: str,
                       style_path: str,
                       num_iterations: int = 1000):
    """神经风格迁移的主函数

    Args:
        content_path: 内容图像路径
        style_path: 风格图像路径
        num_iterations: 迭代次数
    Returns:
        返回最优图像和 20 张中间过程的图像
    """
    model = get_model()
    model.summary()

    content_image = load_and_process_img(content_path)
    style_image = load_and_process_img(style_path)

    # 使用内容图像和风格图像前向传播
    content_outputs = model.predict(content_image)
    style_outputs = model.predict(style_image)

    # 从模型输出中提取内容特征和风格特征
    content_features = [
        content_layer[0] for content_layer in content_outputs[:NUM_CONTENT_LAYERS]
        ]
    style_features = [
        style_layer[0] for style_layer in style_outputs[NUM_CONTENT_LAYERS:]
        ]
```

```
gram_style_features = [gram_matrix(feature) for feature in style_features]

# 使用内容图像初始化一个变量，用于存储生成的图像
generated_image = tf.Variable(content_image, dtype=tf.float32)

# 定义一个无穷大的损失和一个空变量，用于保存最优结果
best_loss, best_img = float('inf'), None

# 初始化优化器
optimizer = tf.optimizers.Adam(learning_rate=5,
                               beta_1=0.99,
                               epsilon=1e-1)

norm_means = np.array([103.939, 116.779, 123.68])
min_vals = -norm_means
max_vals = 255 - norm_means

# 保存中间过程的图像的数组
intermediate_images = []

for i in range(num_iterations):
    grads, all_loss = compute_grads(model=model,
                                    generated_image=generated_image,
                                    gram_style_features=gram_style_features,
                                    content_features=content_features)

    loss, style_score, content_score = all_loss
    # 根据梯度优化图像，更新生成的图像
    optimizer.apply_gradients([(grads, generated_image)])
    clipped = tf.clip_by_value(generated_image, min_vals, max_vals)
    generated_image.assign(clipped)

    # 如果损失下降，那么替换最优结果
    if loss < best_loss:
        best_loss = loss
        best_img = deprocess_img(generated_image.numpy())

    # 绘制图像
    plot_step = num_iterations // 20
    if i % plot_step == 0:
        plot_img = generated_image.numpy()
        plot_img = deprocess_img(plot_img)

        intermediate_images.append(plot_img)
        # 清除 Jupyter Cell 之前的结果，然后绘制新图
        display.clear_output(wait=True)
        display.display_png(Image.fromarray(plot_img))
```

```
            print(f'Iteration: {i}, loss: {best_loss}')

    return best_img, intermediate_images
```

所有的方法都定义好了，风格也进行了迁移，下面我们进行 1000 轮迭代。这个过程在使用 GeForce GTX 1080 Ti 显卡时用了 12s，在使用 2.3 GHz Intel Core i5 CPU 时用了 500s。因此，在有条件的情况下，尽量使用 GPU 进行训练。

```
# 开始风格迁移
best_img, intermediate_images = run_style_transfer(CONTENT_IMAGE_PATH,
                                                    STYLE_IMAGE_PATH,
                                                    1000)
```

在训练完成后，我们使用下面的方法可视化中间过程（见图 9-4），以及训练输入和输出（见图 9-5）。

```
def visualize_results(best_img: np.ndarray,
                      intermediate_images: List[np.ndarray],
                      content_path: str,
                      style_path: str):
    """可视化输入、输出和中间过程

    Args:
        best_img: 最优图像
        intermediate_images: 中间过程图像列表
        content_path: 内容图像路径
        style_path: 风格图像路径
    """
    plt.figure(figsize=(20, 12))
    for index, image in enumerate(intermediate_images):
        plt.subplot(4, 5, index+1)
        plt.imshow(image)
    plt.show()

    content_image = load_image(content_path)
    style_image = load_image(style_path)

    plt.figure(figsize=(20, 10))
    plt.subplot(1, 2, 1)

    image_show(content_image, 'Content Image')

    plt.subplot(1, 2, 2)
    image_show(style_image, 'Style Image')
```

```
    plt.figure(figsize=(20, 20))
    plt.imshow(best_img)
    plt.title('Output Image')
    plt.show()

visualize_results(best_img, intermediate_images, CONTENT_IMAGE_PATH, STYLE_IMAGE_PATH)
```

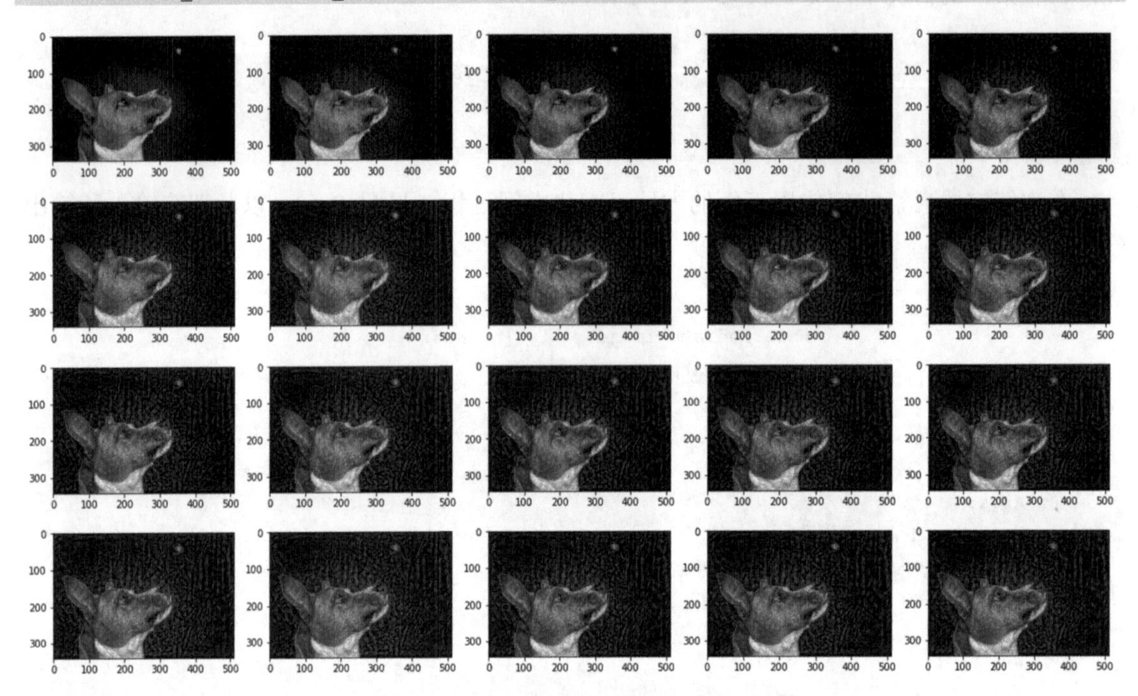

图 9-4 训练过程可视化

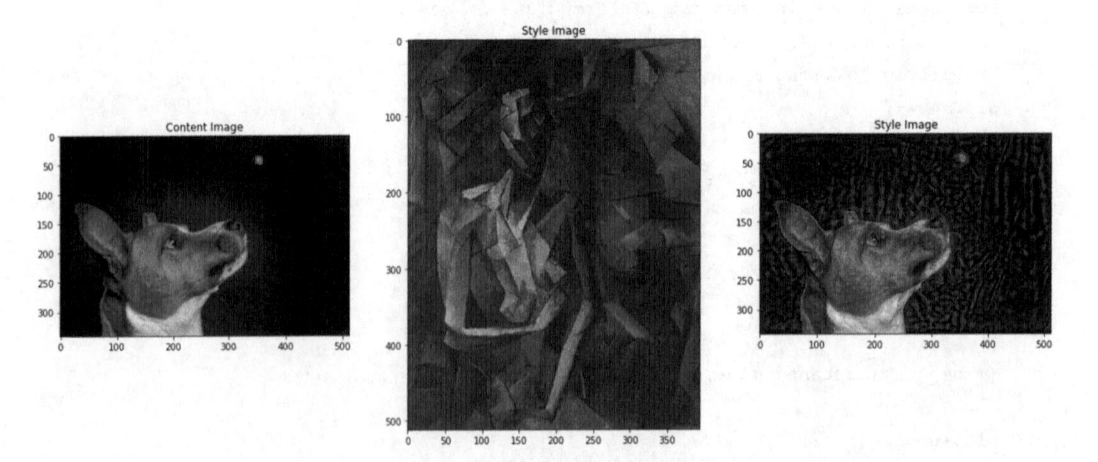

图 9-5 训练输入和输出的可视化

虽然原始的神经风格迁移算法的原理很简单，但是这种迁移仅仅是一种图像纹理的迁移。如果风格图像具有明显的纹理结构，并且内容图像不需要高层次细节，那么这种算法的效果最好。图 9-6 展示了一些效果比较不错的迁移。但是，这个算法并不能实现比较抽象的迁移，例如把一个肖像的风格迁移到另一幅图像中。

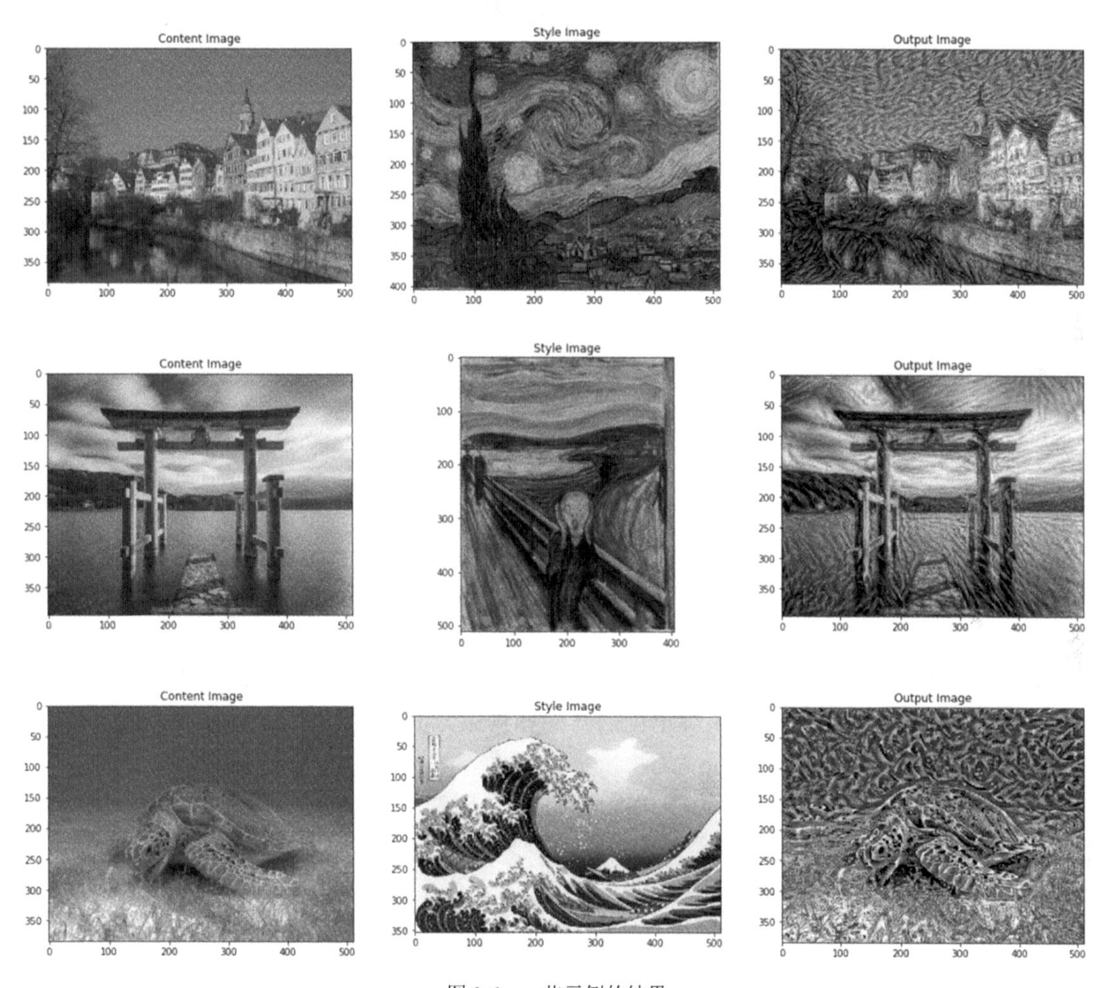

图 9-6　一些示例的结果

本章小结

本章首先介绍了神经风格迁移的原理，然后介绍了如何自定义损失函数和训练循环，以及如何从模型中抽取特定层的输出。读者可以尝试使用不同的预训练模型进行特征和风格的提取，以及使用不同模型层的输出作为特征和风格进行风格迁移。

第 10 章

自然语言处理入门

在本章中，我们将学习文本的分词和预处理，文本的向量表示，以及循环神经网络的基础知识。

本章要点：

- 文本的分词和预处理；
- 文本的向量表示；
- 语言模型；
- 循环神经网络。

10.1　分词

分词（tokenize）是自然语言处理的基础。对于英文文本，我们可以直接使用空格进行分词，但对于中文文本，并没有标点来标记词的开始和结束，通常需要借助一些算法来进行分词。分词后产生的单元称为**标记**（token）。

10.1.1　英文分词

在英语中，单词本身就是“词”的表达，一篇文章就是通过“单词”加空格来表示的。因此，英文的分词很简单，一般情况下，直接使用空格分词即可。英文文本的分词处理一般包括下面几步。

（1）全部转为小写或者大写，通常转换为小写。

（2）去掉标点符号。

（3）去掉多余的空格。

tf.keras 内置了文本分词处理的方法 text_to_word_sequence()。我们先看一下这个方法的定义。当我们使用 PyCharm 等 IDE 时，可以通过按住 Ctrl 键（苹果系列计算机使用 command

键)，然后单击鼠标左键跳转到方法的介绍界面。我们可以看到，这个方法接受以下 4 个参数，然后返回一个由标记组成的数组。

- **text**：目标文本。
- **filters**：要被过滤的字符串列表，默认为“!"#$%&()*+,-./:;<=>?@[\\]^_{|}~\t\n”。
- **lower**：是否转换为小写，默认转换为小写。
- **split**：分词分隔符，默认用空格分词。

```
def text_to_word_sequence(text,
                          filters='!"#$%&()*+,-./:;<=>?@[\\]^_`{|}~\t\n',
                          lower=True, split=" "):
    """Converts a text to a sequence of words (or tokens).

    # Arguments
        text: Input text (string).
        filters: list (or concatenation) of characters to filter out, such as
            punctuation. Default: ``!"#$%&()*+,-./:;<=>?@[\\]^_`{|}~\\t\\n``,
            includes basic punctuation, tabs, and newlines.
        lower: boolean. Whether to convert the input to lowercase.
        split: str. Separator for word splitting.

    # Returns
        A list of words (or tokens).
    """
```

下面我们使用这个方法处理一段文本。

```
import tensorflow.keras.preprocessing.text as kp_text

paragraph = "The 5 biggest countries by population in 2017 are China, " \
            "India, United States, Indonesia, and Brazil."
processed_text = kp_text.text_to_word_sequence(paragraph)
print(processed_text)

# 输出如下:
# ['the', '5', 'biggest', 'countries', 'by', 'population', 'in', '2017',
#  'are', 'china', 'india', 'united', 'states', 'indonesia', 'and', 'brazil']
```

10.1.2 中文分词

不同于英文，在汉语中，词是以字为基本单位的，但是一篇文章的语义表达却仍然是以词为基础的。因此，在处理中文文本时，通常需要进行分词处理，即将句子转化为词的表示，这个切词过程就是中文分词。目前中文分词的主要难点在于分词歧义。例如，"南京市长江大桥"可以分词成"南京市/长江大桥"或者"南京/市长/江大桥"。这就需要根据上下文等各种场景来判断。此外，新词、分词颗粒度等是影响分词效果的重要因素。

在一般的工程中，我们选择开源的中文分词工具 jieba。jieba 分词目前在 GitHub 有 18000 多个 Star，除 Python 以外，jieba 还支持 Java、C++、Go 等多种编程语言。同时，jieba 提供了 ElasticSearch、Solr 等项目的扩展插件，扩展方便。对于中文分词，除 jieba 以外，还有 SnowNLP、PkuSeg、THULAC、HanLP 等可供选择。

安装 jieba 非常简单，只需要在终端执行以下命令。

```
pip install jieba
```

jieba 提供了下列 3 种分词模式。

- **精确模式：** 试图将句子精确地进行"切分"，适合文本分析。
- **全模式：** 把句子中所有的可以成词的词语都扫描出来，速度非常快，但是不能解决歧义问题。
- **搜索引擎模式：** 在精确模式的基础上，对长词再次"切分"，提高召回率，适合用于搜索引擎分词。

利用 jieba 进行中文分词的代码如下。

```
import jieba

seg_list = jieba.cut("我来到北京清华大学", cut_all=True)
print("/ ".join(seg_list))  # 全模式
# 我/ 来到/ 北京/ 清华/ 清华大学/ 华大/ 大学

seg_list = jieba.cut("我来到北京清华大学", cut_all=False)
print("/ ".join(seg_list))  # 精确模式
# 我/ 来到/ 北京/ 清华大学

seg_list = jieba.cut("他来到了网易杭研大厦")  # 默认是精确模式
print(", ".join(seg_list))
# 他, 来到, 了, 网易, 杭研, 大厦    (此处，虽然"杭研"并没有在词典中，但是也被 Viterbi 算法识别出来了)

seg_list = jieba.cut_for_search("小明硕士毕业于中国科学院计算所")  # 搜索引擎模式
print(", ".join(seg_list))
# 小明, 硕士, 毕业, 于, 中国, 科学, 学院, 科学院, 中国科学院, 计算, 计算所
```

需要注意的是，这里的 jieba.cut()方法返回的是生成器，如果想要词组成的数组，那么需要通过执行 list(seg_list)取出迭代器中所有的元素。

通常，我们把分词后的结果使用空格分隔并存储，然后后续的逻辑就可以和英文一样了。

例如，原始文本为“我来到北京清华大学”，分词后存储为“我 来到 北京 清华大学”。这样，我们能直接使用大部分框架提供的处理方法和工具。

10.2 语言模型

由于神经网络只接受数值张量，不接受原始文本作为输入，因此，在处理文本的时候，除分词以外，还需要文本**向量化**（vectorize）。向量化是指将文本转换为数值向量（二维张量）的过程。整个流程是我们先把文本进行分词，再把分词结果转化成数值向量并输入模型中（见图 10-1）。

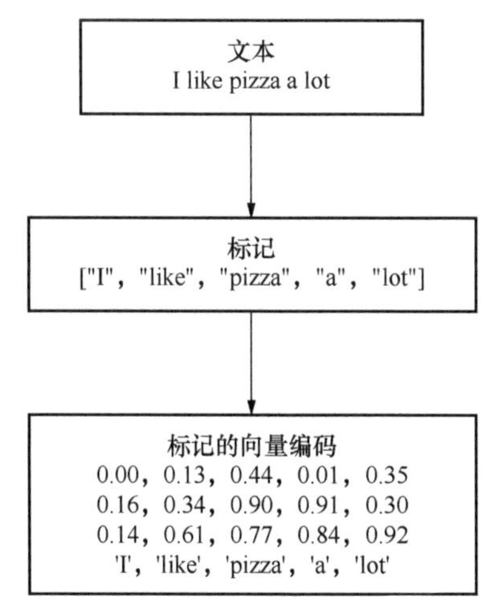

图 10-1 从文本到标记再到向量

10.2.1 独热编码

独热（one-hot）编码是将每个字（或词）单独编码为一个数字的语言模型。下面我们通过例子介绍一下该方法的原理。我们的文本有以下两句。

- 人工智能 的 研究 可以 分为 几个 技术 问题。
- 人工智能 是 一门 新 的 技术 学科。

通过基本处理，分词后构建的词典如下。

```
token2idx = {'人工智能': 0, '的': 1, '研究': 2, '可以': 3, '分为': 4, '几个': 5,
             '技术': 6, '问题': 7, '是': 8, '一门': 9, '新': 10, '学科': 11}
```

上面的词典包含 12 个词，每个单词有唯一的索引。我们可以把上面的两句话转换成以下的向量。

- [0, 1, 2, 3, 4, 5, 6, 7]
- [0, 8, 9, 10, 1, 6, 11]

词袋通常和 one-hot 编码配合使用，当我们对 “人工智能 是 一门 新 的 技术 学科” 这句进行处理时，转换成 one-hot 向量的结果如下。

```
one-hot 表示                                    token_id  token
[[1. 0. 0. 0. 0. 0. 0. 0. 0. 0. 0. 0.]  0         人工智能
 [0. 0. 0. 0. 0. 0. 0. 0. 1. 0. 0. 0.]  8         是
 [0. 0. 0. 0. 0. 0. 0. 0. 0. 1. 0. 0.]  9         一门
 [0. 0. 0. 0. 0. 0. 0. 0. 0. 0. 1. 0.]  10        新
 [0. 1. 0. 0. 0. 0. 0. 0. 0. 0. 0. 0.]  1         的
 [0. 0. 0. 0. 0. 0. 1. 0. 0. 0. 0. 0.]  6         技术
 [0. 0. 0. 0. 0. 0. 0. 0. 0. 0. 0. 1.]] 11        学科
```

tf.keras 内置的函数实现了上面的几个步骤，下面是实现方法。

```
from tensorflow.keras.preprocessing.text import Tokenizer
from tensorflow.keras.utils import to_categorical

samples = ["人工智能 的 研究 可以 分为 几个 技术 问题", "人工智能 是 一门 新 的 技术 学科"]

tokenizer = Tokenizer()
# 使用语料构建词典
tokenizer.fit_on_texts(samples)

print(tokenizer.word_index)
# 输出 {'人工智能': 1, '的': 2, '技术': 3, '研究': 4, '可以': 5, '分为': 6,
#      '几个': 7, '问题': 8, '是': 9, '一门': 10, '新': 11, '学科': 12}
# 这里索引从 1 开始，因为 0 通常保留并作为补全位，后面会详细讲解

# 将文本转换为整数索引组成的列表
sequence = tokenizer.texts_to_sequences(samples)
print(sequence)
# 输出 [[1, 2, 4, 5, 6, 7, 3, 8], [1, 9, 10, 11, 2, 3, 12]]


# 我们可以通过 to_categorical()方法把一个索引序列转换成 one-hot 编码的张量
# num_classes 是序列总共包含的维度，由于索引从 1 开始，因此需要将词表的单词数量加 1 来表示总索引数量
print(to_categorical(sequence[0],
                     num_classes=len(tokenizer.word_index)+1))
# 输出 [[0. 1. 0. 0. 0. 0. 0. 0. 0. 0. 0. 0. 0.]
#  [0. 0. 1. 0. 0. 0. 0. 0. 0. 0. 0. 0. 0.]
#  [0. 0. 0. 0. 1. 0. 0. 0. 0. 0. 0. 0. 0.]
#  [0. 0. 0. 0. 0. 1. 0. 0. 0. 0. 0. 0. 0.]
#  [0. 0. 0. 0. 0. 0. 1. 0. 0. 0. 0. 0. 0.]
#  [0. 0. 0. 0. 0. 0. 0. 1. 0. 0. 0. 0. 0.]
#  [0. 0. 0. 1. 0. 0. 0. 0. 0. 0. 0. 0. 0.]
#  [0. 0. 0. 0. 0. 0. 0. 0. 1. 0. 0. 0. 0.]]
```

这个方法实现起来方便、快捷，但存在下列问题。

（1）维度“灾难”。如果我们的词典包含 10000 个单词，那么每个标记需要用 10000 维度

的向量表示。

（2）每一个标记是完全独立的，无法保留语义上的关系。例如，“电影”与“电视剧”的关系和“电影”与“猫”的关系一样。

10.2.2 词嵌入

词嵌入（word embedding）是另一个常用的语言模型。词嵌入使用密集的**词向量**（word vector）表示词语的含义。它与 one-hot 编码的区别是词向量使用低维的浮点数向量。词嵌入基于 Harris 在 1954 年提出的分布假说（distributional hypothesis），即**上下文相似的词，其语义也相似**。我们可以通过无监督学习大量的文本，获取词与词之间的空间关系来计算词的词向量。虽然词向量并不能表示词具体的含义，但它能表示词与词的关系。

词嵌入的方法有以下两种。

（1）在完成主任务（例如文本分类）的同时学习词嵌入。这种情况一开始随机初始化词向量，然后对这些词向量进行学习，其学习方法和学习神经网络其他的权重一致。

（2）在开始训练主任务前，先计算好词向量，再将其加载到模型中。这些词嵌入称为**预训练词嵌入**（pretrained word embedding）。

我们通过 Gensim 框架使用一个预训练词嵌入来学习词向量。我们可以在终端输入以下命令安装 Gensim。

```
pip install gensim
```

加载预训练词嵌入其实非常简单，我们可以通过以下代码加载并使用微博词嵌入，由于词向量比较大，因此这一步骤的速度会比较慢。

```
import gensim

model_path = 'data/word2vec/sgns.weibo.bigram-char'
w2v = gensim.models.KeyedVectors.load_word2vec_format(model_path)
```

加载词嵌入模型后，读取某个词的向量变得非常简单。下面的代码会返回一个长度为 300 的一维张量（标量）。每个数字代表该词在这个维度上的特征表示。

```
vector = w2v['猫咪']
print(vector)

# 输出
# array([ 0.102539,  0.245417,  0.530431,  0.180411,  0.386218,  0.82535 ,
#         0.530675, -0.244311, -0.681341,  0.431361, -0.576909, -0.231161,
#         ......
#        -0.321994, -0.746782, -0.473484, -0.369037, -0.02137 ,  0.364299,
#         0.504032, -1.147905, -0.334222, -0.107973, -0.210832,  0.251977],
#       dtype=float32)
```

这里需要注意，词嵌入模型可以理解为有限的词与词向量的对应关系字典。如果我们使用一个词嵌入的词表中不存在的词取其词向量，就会报错，因为该词嵌入中不存在这个特定的词语的词向量。

Gensim 提供很多便捷接口，方便我们使用词嵌入模型，下面是常用的属性和使用方法。

- index2word 属性：返回一个包含词嵌入所有的词的数组。
- vectors 属性：返回一个包含词嵌入所有向量的数组，顺序与 index2word 一致，每个向量表示 index2word 同一索引的词的向量。
- most_similar()方法：传入一个词，返回与该词的向量接近的 10 个词。
- similar_by_vector()方法：传入一个向量，返回与该向量接近的 10 个词。

```
# 输出词嵌入模型的词表的前 20 个词语
print(f"word list: {w2v.index2word[:20]}")
# 输出词嵌入模型的词表的前 20 个词的向量，形状为 (20, 300)
print(f"word vectors: {w2v.vectors[:20]}")

vector = w2v['猫咪']
print(f"most similiar to 猫咪: \n {w2v.similar_by_vector(vector)}")
print(f"most similiar to 明星: \n {w2v.most_similar('明星')}")
```

tf.keras 提供了一个嵌入（Embedding）层。我们可以将嵌入层理解成一个字典，将标记的整数索引映射为密集向量。它接受整数的索引作为输入，在内部词典查找对应的整数，然后返回关联的向量。我们使用下面的代码初始化一个嵌入层。

```
from tensorflow.keras.layers import Embedding

embedding_layer = Embedding(input_dim=1000,  # 标记个数，这个嵌入层总共能嵌入 999 个标记
                            output_dim=128)  # 嵌入维度
```

嵌入层的输入是一个二维张量（向量），其形状为(样本数, 序列长度)，每个元素是一个整数序列。嵌入层能够嵌入长度可变的序列，例如，我们在上面初始化的词嵌入可以接受一个形状为(32, 20)或者(64, 10)的批量。同一批量中的序列要求用同样的序列长度，如果长度过短，则补 0；如果过长，则选择截断。

这个嵌入层将返回一个三维浮点数张量，其形状为(样本数, 序列长度, 嵌入维度)。然后，我们可以利用后续的层来处理这些特征张量。

在按照上面的方法初始化嵌入层时，权重是随机的。与其他层一样，它在训练过程中利用反向传播逐渐调整这些词语的向量。

10.2.3　从文本到词嵌入

我们已经介绍了文本预处理、词的向量表示和预训练词嵌入模型。接下来，我们使用预训

练词嵌入构建模型。

（1）从预训练词嵌入中提取词表和词向量表。

（2）简单处理词表和词向量表，增加特殊标记向量。

（3）使用处理后的词向量表初始化嵌入层。

（4）构建提取序列向量的模型。

我们在前面提到过，嵌入层的输入是整数索引值，因此需要一个标记到标记索引的映射字典。在构建这个字典之前，我们先介绍一下两个特殊的标记。

- **补全位标记**：用于表示补 0 位置的标记，通常用 PAD <PAD>或[PAD]表示。
- **新词标记**：无论我们的词表有多完整，总会碰到未索引的新词，在这种情况下，将会出现由于获取不到词对应的索引而导致出错的问题。为了解决这个问题，我们会增加一个特殊的标记来表示未知的新词，通常用 UNK <UNK>或[UNK]表示。

现在，我们按照上面的步骤初始化一个带有预训练词向量的嵌入层，并使用该嵌入层构建一个提取序列向量的模型。

```
import gensim
import numpy as np
from typing import List
from tensorflow import keras

model_path = 'data/word2vec/sgns.weibo.bigram-char'
# 通常，预训练词嵌入会比较大，加载很耗时，也很耗费内存资源，当内存资源有限或者需要快速实验时，
# 可以通过增加一个 limit 参数，只读取特定数量词向量来节省时间和资源
# 下面的代码只会加载高频的 1000 个词的向量
w2v = gensim.models.KeyedVectors.load_word2vec_format(model_path, limit=1000)

token2index = {
    '<PAD>': 0, # 由于我们用 0 补全序列，因此补全位标记的索引必须为 0
    '<UNK>': 1  # 新词标记的索引可以是任意一个，设置为 1 只是为了方便
}

# 我们遍历预训练词嵌入的词表，并加入我们的标记索引词典
for token in w2v.index2word:
    token2index[token] = len(token2index)

# 初始化一个形状为 [标记总数,预训练词向量的维度] 的全 0 二维张量
token_vector = np.zeros((len(token2index), w2v.vector_size))
# 随机初始化 <UNK> 标记的一维张量
token_vector[1] = np.random.rand(300)
# 从索引 2 开始使用预训练的词向量
token_vector[2:] = w2v.vectors
```

```
# 通过测试可以确定新构建的标记索引和标记向量映射关系没有问题
print(token_vector[token2index['成长']] == w2v['成长'])
print(token_vector[token2index['市场']] == w2v['市场'])

# 使用处理过的预训练词向量来初始化嵌入层
L = keras.layers
embedding_layer = L.Embedding(input_dim=len(token2index),  # 标记数量等于词表标记数量
                              output_dim=w2v.vector_size,  # 嵌入维度等于预训练词向量维度
                              weights=[token_vector],      # 使用我们构建的权重张量
                              trainable=False)             # 不可训练


# 构建一个提取序列向量的模型
model = keras.Sequential([
    embedding_layer
])
# 由于我们不需要训练这个模型，因此这里的损失函数和优化器可以随意设定
model.compile('adam', 'sparse_categorical_crossentropy')
model.summary()
```

上面的代码执行后输出如下日志，我们可以看到，这个模型只有一个嵌入层，总共有 300600 个参数（1002 个标记×300 个维度）。由于加载了预训练词向量并且设置为不可训练，因此可训练参数的数量为 0。

```
Model: "sequential"
_________________________________________________________________
Layer (type)                 Output Shape              Param #
=================================================================
embedding (Embedding)        (None, None, 300)         300600
=================================================================
Total params: 300,600
Trainable params: 0
Non-trainable params: 300,600
_________________________________________________________________
```

现在，我们已经成功地用预训练词向量构建了嵌入层，那么，如何把一句话转换成对应的句子张量呢？前面提过，嵌入层接受标记索引，返回其对应的向量。因此，我们还需要一个方法把分词后的标记序列转换为标记索引序列，实现代码如下。

```
def convert_token_2_idx(tokenized_sentence: List[str]) -> List[int]:
    """转换分词后的标记序列为标记索引序列

    如果该标记在词表出现过，则使用其索引；如果在词表中不存在，则使用新词标记的索引来替代
    Args:
```

```
        tokenized_sentence: 分词后的序列
    Returns:
        标记索引序列
    """
    token_ids = []
    for token in tokenized_sentence:
        token_ids.append(token2index.get(token, token2index['<UNK>']))
    return token_ids

tokenized_sentence = "今天 天气 真 不错 ha".split(' ')
print(convert_token_2_idx(tokenized_sentence))
# 输出 [89, 438, 462, 242, 1]
# 由于词表中没有 'ha' 这个标记，因此对应的标记索引为 1
```

到目前为止，我们完成了利用预训练词向量把文本转化成特征向量的过程。现在，我们有了将文本转换到索引的方法，以及提取序列向量的模型，那么可以用模型提取一句话的向量。到达这一步，读者是不是觉得很熟悉，其实这部分的思路与我们之前介绍的图像迁移学习中的特征提取是一致的，只是多了一个将文本转换到标记索引的步骤。

```
sentence_index = convert_token_2_idx(tokenized_sentence)
# 将序列索引转换成一个批量的样本
input_x = np.array([sentence_index])
# 使用模型预测
sentence_vector = model.predict(input_x)
print(sentence_vector.shape)
# 输出 (1, 5, 300)，表示 1 个样本，5 个标记，300 个维度
```

10.2.4 自然语言处理领域的迁移学习

2018 年和 2019 年是自然语言处理发展史上非常重要的两年。在这两年，自然语言处理领域的迁移学习的技术一次次刷新之前的各项纪录。在图像领域，迁移学习有比较长的发展历史，而且这种做法很有效，能起到明显促进应用的效果。现在回顾一下第 8 章中介绍的特征提取（见图 8-6），我们给 VGG16 模型输入图像，VGG16 模型把图像转换成对应的特征表示，获取对应的特征后再用分类模型完成具体的分类任务。

自然语言处理领域的迁移学习的实现思路与图像领域中的一致，即将文本输入通用的特征提取模型，在获取对应特征后，完成具体的任务（见图 10-2）。预训练词嵌入其实就是早期的自然语言处理预训练技术，通常有 1%～2%的性能提升。

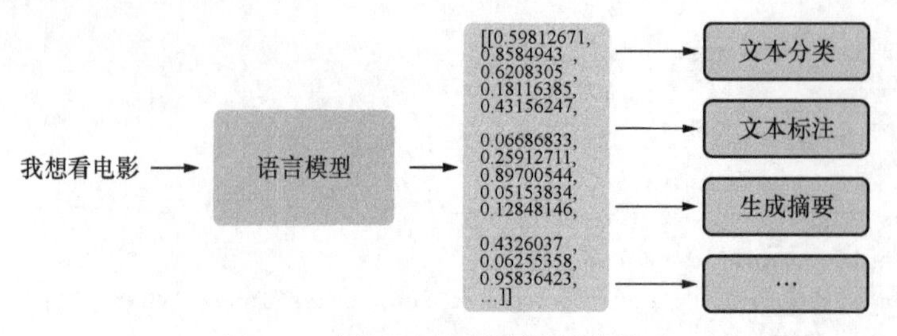

图 10-2　自然语言处理领域的迁移学习

虽然词嵌入能很好地表达词与词的关系，但是有一个“致命”的问题，就是所有词向量都是静态的。例如“我喜欢苹果，因为它比安卓流畅”和“我喜欢苹果，因为好吃”，这两句话中的苹果的含义截然不同，但是对于词向量，它们只有一个固定的向量值，这就导致没办法很好地表示多义词。为了解决这个问题，自然语言处理领域的研究者提出了带有上下文的词嵌入，即 ELMo。

ELMo 的实现思路：事先用语言模型学习一个单词的 Word Embedding，再根据上下文中单词的语义去调整单词的 Word Embedding 表示，这样经过调整后的 Word Embedding 更能表达在这个上下文中的具体含义，自然就解决了多义词的问题。因此，ELMo 本身是一种根据当前上下文对 Word Embedding 动态调整的思路。实验表明，ELMo 能在句子语义关系判断、分类任务和阅读理解等任务中有不小的性能提升，最高提升可达 25%。

ELMo 存在什么问题吗？ELMo 存在的主要问题是选择使用 LSTM 作为特征提取器，而没有使用 Transformer。自从在 2017 年发表的论文《Attention Is All You Need》中提出 Transformer 以来，很多研究已经证明 Transformer 的提取特征能力远强于 LSTM。

GPT（Generative Pre-Training，基于生成式的预训练）也包含两个阶段：第一个阶段是利用语言模型进行预训练，第二个阶段是通过微调的模式完成下游任务。由于采用了特征提取能力远好于 LSTM 的 Transformer，GPT 的效果令人满意。在 12 个自然语言处理任务中，9 个达到了较好的效果，在有些任务中，性能提升非常明显。但不同于 ELMo，GPT 采用了单向的语言模型。这里的单向是指，当语言模型的任务是预测单词W_i的含义时，W_i之前的单词称为上文，W_i之后的单词称为下文。如果采用的是单向模型，则预测W_i含义的时候只关注上文，不关注下文。双向模型则会同时关注上文和下文。虽然 GPT 是单向模型，但是性能的提升还是非常明显的，可惜 GPT 没有被广泛宣传，导致其关注度不高。

GPT 采用的是单向模型，而 BERT（Bidirectional Encoder Representation from Transformers，双向 Transformer 语言模型）用了双向模型，规模更大。这使得 BERT 在 12 个自然语言处理任务的 11 个中达到了目前最好的效果。BERT 的优异成绩加上提出 BERT 的谷歌 AI 团队擅长宣传，使大家终于意识到自然语言处理已经进入了一个全新的时代。当我们利用一个在大规模数据集上预训练的语言模型时，BERT 可以使用很小的数据集就获得非常好的结果。在一个 10 分类问题上，利用包含 1000 个样本的数据集直接训练分类模型已经达到了 60%的准确率，如果利用 BERT，则准确率可以提升到 80%，足足提升了 20%。在 BERT 被广泛关注一段时间后，自然语言处理领域又有了新的突破，即 GPT-2（GPT 的 2.0 版本）相比之前的版本虽然模型本身的改动不大，但是使用了更巨大的 Transformer 模型。可能是 GPT 的作者想证明自己之前的思路并不比 BERT 差，并没有采用双向模型，而是用了更多的高质量语料进行训练。结果同样令人满意，GPT-2 不仅可以根据给定的文本流畅地续写句子，甚至可以形成成篇的文章，就像人类续写文章一样。

除此以外，还有自回归预训练模型 XLNet、Facebook 提出的改动 BERT 预训练方案的 RoBERTa、谷歌发布的轻量级预训练模型 ALBERT 等。由此可以看出，在自然语言处理领域，已经出现了以下两个趋势。

（1）采取 BERT 这种预训练模型进行迁移学习。虽然 BERT 发布的时间不长，但由于其表现优异，在近期的自然语言处理评测中，BERT 排名靠前。谷歌使用 BERT 来改善搜索结果。此外，BERT 提供了预训练的中文语言模型，目前，微博已经使用 BERT 大幅度地提升了标签分类的精度。

（2）特征抽取器采用 Transformer。Transformer 利用 encoder-decoder 和 attention 机制获得了很好的效果，其最大的优点是可以高效地实现并行化。其在很多任务上的表现超过了 RNN 和 CNN。

10.3 循环神经网络

前面提到，卷积神经网络非常适合处理图像类问题，接下来我们介绍一下适合处理自然语言的循环神经网络。

在传统的神经网络中，从输入层到隐含层，再到输出层，层与层是全连接的，每层的节点是无连接的。这种神经网络在处理像自然语言这种有序序列时会丢失很多信息，例如单词的顺序关系。在**循环神经网络**（RNN）中，一个序列当前的输出与前面的输出有关。由于这个特性，循环神经网络特别适合处理序列类数据，在语言模型与文本生成，以及机器翻译和语音识别等场景被广泛使用。

10.3.1 循环神经网络的原理

循环神经网络能够对前面的信息进行“记忆”，并应用于当前输出的计算中，即隐藏层之间不再是无连接的。某个具体的隐藏层中的神经元的输入不仅包含上一层的输出，还包括当前层上一个神经元的输出。

假设给定一个长度为T的输入序列$\{x_0, x_1, \cdots, x_t, \cdots, x_T\}$，其中$x_t$表示序列在$t$时刻的输入特征向量，这里的$t$时刻并不一定真的指时间，只是用来表明这是一个序列输入问题。现在要得到每个时刻的隐含特征$\{h_0, h_1, \cdots, h_t, \cdots, h_T\}$，这些隐含特征用于后面的层的特征输入。如果采用传统的神经网络，那么只需要进行下面的计算。

$$h_t = f(Ux_t + b)$$

其中f为非线性激活函数。但是，这样明显忽略了这是一个序列输入问题，即丢失了序列中各个元素的依赖关系。对于循环神经网络，其在计算t时刻的特征时，不但考虑当前时刻的输入特征x_t，而且引入前一个时刻的隐含特征h_{t-1}，计算过程如下。

$$h_t = f(Ux_t + Wh_{t-1} + b)$$

显然，这样可以捕捉到序列中的依赖关系，可以认为h_{t-1}是一个记忆特征，其提取了前面$t-1$个时刻的输入特征。有时，我们称h_{t-1}为旧状态，称h_t为新状态。因此，循环神经网络特别适合用于解决序列问题。从结构上来看，循环神经网络可以看成有环的神经网络（见图 10-3）。不过，我们可以将其展开成普通的神经网络，准确地说，就是展开成t个普通的神经网络。但是，这t个神经网络不是割裂的，它们使用的参数是一样的，即权重共享。这样，在每一个时刻，循环神经网络执行的是相同的计算过程，只不过输入不一样。从本质上来说，循环神经网络只不过是由多个普通的神经网络通过权值共享连接而成的。

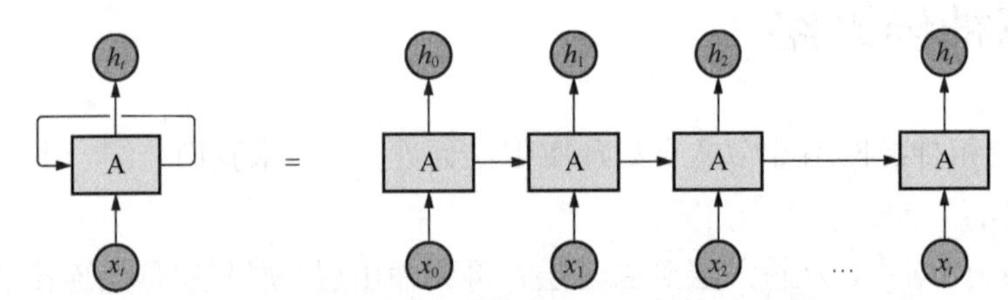

图 10-3　循环神经网络的结构（左）及其展开形式（右）

10.3.2　使用 NumPy 实现 RNN 层前向传播

下面我们使用 NumPy 实现一个简单的 RNN 层前向传播来理解前面提到的概念。这个 RNN 层的输入是一个张量序列，我们输入一个形状为(sequence_length,input_feature)的二维张量。它对序列中每个元素进行遍历，同时它会把当前元素和上一个状态放在一起进行计算。对于第一个元素，由于没有上一个状态，因此还需要初始化一个全 0 向量，然后将其作为**初始状态**（initial state）。

```
import numpy as np


class RNNLayer(object):
    def __init__(self, sequence_length: int, input_feature: int, output_feature: int):
        """
        初始化方法
        Args:
            sequence_length: 输入序列的序列长度
            input_feature: 输入序列中每一个元素的特征维度
            output_feature: 输出序列中每个元素的维度
        """
        self.sequence_length = sequence_length
        self.input_feature = input_feature
        self.output_feature = output_feature

        # 初始状态，全 0 向量
        self.state_t = np.zeros((output_feature, ))
        # 网络层权重初始化
        self.W = np.random.uniform(size=(output_feature, input_feature))
        self.U = np.random.uniform(size=(output_feature, output_feature))
        self.b = np.random.uniform(size=(output_feature,))

    def _sigmoid(self, inputs: np.ndarray) -> np.ndarray:
        """
        因为 sigmoid 激活函数是内部方法，所以函数名使用'_'开头
        Args:
            inputs: 输入特征
        Returns: Sigmoid 函数的运算结果
        """
        sigm = 1. / (1. + np.exp(-inputs))
        return sigm

    def forward_propagation(self, inputs: np.ndarray) -> np.ndarray:
        """
        前向传播
        Args:
            inputs: 输入特征

        Returns: 在该层中进行前向传播后的结果
        """
        outputs = []
        # 遍历输入特征，逐个计算对应的输出
        for input_t in inputs:
```

```
            # 由输入特征和前一个状态（前一个输出）计算当前的输出
            output_t = np.dot(self.W, input_t) + np.dot(self.U, self.state_t) + self.b
            # 使用激活函数
            output_t = self._sigmoid(output_t)
            # 将输出保存到输出列表中
            outputs.append(output_t)
            # 将这次状态保存，以便用于下次计算
            self.state_t = output_t
        return np.stack(outputs, axis=0)


# 初始化一个 RNN 层
rnn = RNNLayer(20, 5, 10)
# 随机初始化输入特征
input_sequence = np.random.random((20, 5))
# 进行前向传播
output_sequence = rnn.forward_propagation(input_sequence)
```

通过上面的实现可以看出，其实循环神经网络就是一个 for 循环，它重复使用前一次迭代的计算结果。在 tf.keras 中，存在一个与我们的实现对应的层，即 SimpleRNN。与上面的实现稍微不同的是，它能和之前我们学习的其他的层一样处理批量，而不是单个序列。下面我们初始化一个 SimpleRNN 层，并进行前向传播。

```
from tensorflow import keras

L = keras.layers

model = keras.Sequential([
    L.SimpleRNN(10,                       # 神经元的数量
                activation='sigmoid',   # 激活函数
                # 是否返回序列，True 表示返回完整的序列，False 表示只返回最后一个状态
                return_sequences=True,
                input_shape=(20, 5),)
])
model.summary()

input_sequence_batch = np.random.random((1, 20, 5))
output_sequence_batch = model.predict(input_sequence_batch)
```

10.3.3 循环神经网络存在的问题

虽然循环神经网络处理时间序列问题的效果很好，但是其仍然存在一些问题，其中较为

严重的问题是，处理长序列时，其容易出现**梯度消失**（vanishing gradient）或者**梯度爆炸**（exploding gradient）。

（1）梯度爆炸：在训练过程中，梯度变得过大，导致大幅度地更新网络参数，造成网络不稳定，甚至溢出。我们可以通过截断或压缩梯度来解决这个问题。

（2）梯度消失：在训练过程中，梯度变得非常小，导致更新网络参数变得非常缓慢，甚至停止更新参数，造成无法优化的局面。对于这个问题，循环神经网络本身没有什么解决办法，通常使用循环神经网络的变种——**长短期记忆网络**进行解决。

10.3.4 长短期记忆网络

长短期记忆（Long Short-Term Memory，LSTM）网络是一种特殊的循环神经网络，它的出现主要是为了解决长序列训练过程中的梯度消失和梯度爆炸问题。简单来说，就是相比普通的循环神经网络，长短期记忆网络在更长的序列中有更好的表现。

长短期记忆网络有通过精心设计的称为“门”的结构来去除或者增加信息到状态的能力。长短期记忆网络中有 3 种门，即遗忘门、输入门和输出门。这些门结构可以学习序列中哪些数据是要保留的重要信息，哪些是要删除的。通过这样做，它可以沿着长链序列传递相关信息来执行预测。在初学阶段，读者只需要知道长短期记忆网络的原理就是通过保存特定信息以便后续使用，从而防止较早期的信号在处理过程中逐渐消失。如果读者想更加深入地了解长短期记忆网络，那么可以阅读随书代码仓库内第 10 章扩展阅读中的《理解 LSTM 网络》。

本章小结

通过本章的学习，读者应该对自然语言类任务中的数据预处理有了初步的了解，下一章我们会通过具体的任务再次巩固数据预处理知识。同时，我们了解了预处理后的文本如何转换成对应的张量并作为模型输入，以及这些年来语言模型的发展过程。我们还通过几个实战学习了如何使用这些语言模型。读者需要掌握循环神经网络的原理，以及它为什么适合处理自然语言类任务。除 LSTM 以外，循环神经网络中还包括 GRU（门控循环单元），感兴趣的读者可以自行查阅相关资料。

第11章 语音助手意图分类

近几年，语音助手发展非常迅速，市面上出现了各种形式的语音助手类产品。这些产品离不开一个基本的自然语言处理任务，即文本分类。在本章中，我们通过解决一个语音助手类场景下的意图分类问题介绍中文文本分类的建模流程。对于短文本、小语料类场景，我们通常使用预训练词嵌入提高模型的性能（包括泛化能力）。

本章要点：

- 探索和分析数据集；
- 文本预处理模块；
- 文本分类模型；
- 使用预训练词嵌入优化模型；
- 保存模型。

11.1 数据集

我们使用 SMP2018 中文人机对话技术评测活动提供的用户意图领域分类数据集。该数据集包括训练集（train.json）和验证集（dev.json），训练集包括 2299 条标注数据，验证集包括 770 条数据，总共有 31 个意图。这是一个典型的小数据集多分类问题。由于没有公开测试数据集，因此我们把验证集用于模型测试，从训练集随机取出 15%用于验证。表 11-1 列出了该数据集包含的意图列表和 query 示例。

表 11-1　数据集的意图列表和 query 示例

label	query	label	query
chat	我在跟你聊天儿吗？	riddle	我给你说个谜语你猜得出来吗？
video	播七龙珠	radio	调频 FM96.3
cookbook	培根金针菇怎么做？	flight	明天温州到上海的航班

续表

label	query	label	query
epg	影视频道有什么节目	match	中超比赛时间
message	发短信给幺五八三七五	map	郑州火车站怎么走
train	查询柳州到昆明的列车	music	搜索电视剧插曲
bus	从上海回合肥怎么坐汽车	email	我要回复这条邮件
translation	用英语怎么说“苹果”	poetry	帮我找首诗
stock	上海宝钢股票	news	今天东莞新闻
health	咳嗽怎么治	schedule	每天 8:10 起床
weather	今天啥天气啊	lottery	搜索 15 选 5 的号码信息
website	我要打开百度	calc	4 乘 6 乘 7 再除以 2

11.1.1 加载数据集

我们先加载数据集，可视化以下数据分布。

```
import json
import jieba
import pandas as pd
from typing import List
import matplotlib.pyplot as plt

%matplotlib inline

plt.rcParams['figure.dpi'] = 180
plt.rcParams['axes.grid'] = False

def read_data_as_pd(file_path: str) -> pd.DataFrame:
    """读取数据集为 DataFrame 格式

    Args:
        file_path: 原文件路径
    Returns:
        数据集 DataFrame
    """
    json_data = json.load(open(file_path, 'r'))
    value_list = list(json_data.values())
    return pd.DataFrame(value_list)
```

```
train_df = read_data_as_pd('data/SMP2018-Task-1/train.json')
test_df = read_data_as_pd('data/SMP2018-Task-1/dev.json')
```

加载好数据集后，我们看看训练数据的分布（见图 11-1）。可以看到，chat 意图的 query 比较多。虽然数据分布不均衡，但比较符合真实的分布，我们暂时不做处理。

```
train_df.groupby('label').count().plot.bar(figsize = (12, 10))
```

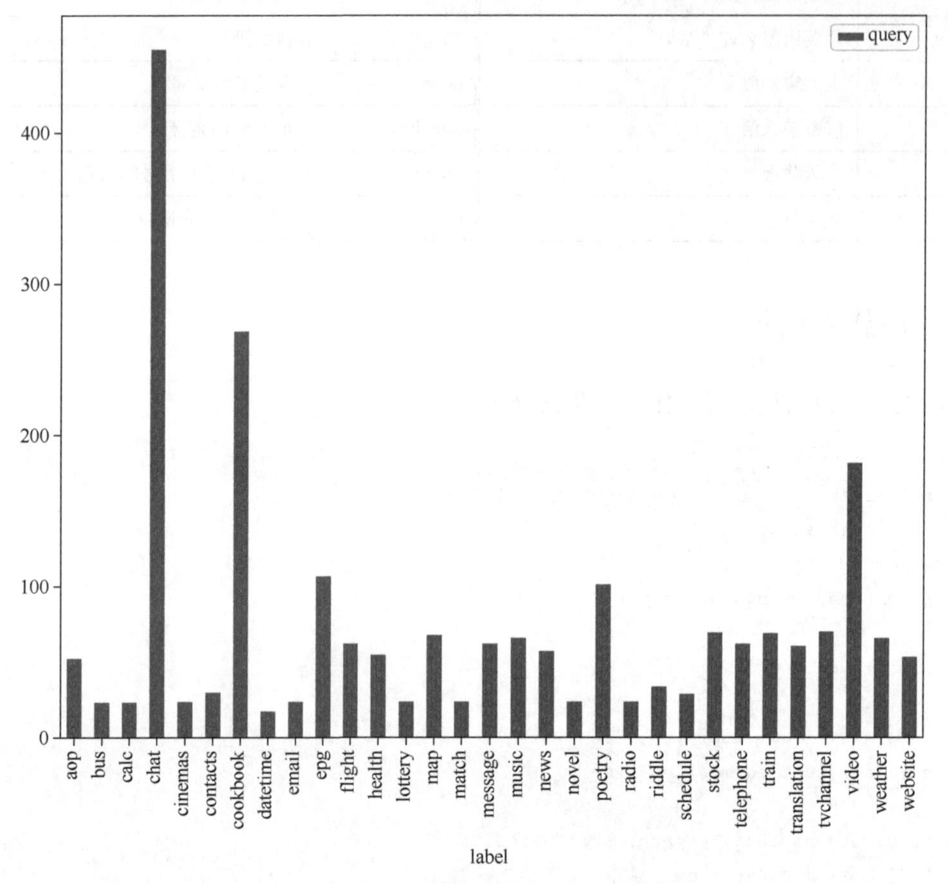

图 11-1　训练数据的意图分布

11.1.2　数据预处理

在第 10 章中，我们介绍过文本预处理的流程。通常，对中文的处理有以下步骤：

（1）繁体转换为简体；

（2）分词；

（3）去掉标点符号；

（4）去掉多余的空格。

因为我们的数据集均为简体，所以没必要做繁体到简体的转换。另外，数据比较“干净”，我们也不做符号移除。因此，我们对数据集进行分词和去掉多余的空格。处理后的结果如图 11-2 所示。

```
def process_query(query: str) -> List[str]:
    """ 预处理 query，比如：'我要看电影 ' -> ['我要', '看', '电影']

    Args:
        query: query 文本
    Returns:
        处理后的标记数组
    """
    stripped_query = query.strip()
    return list(jieba.cut(stripped_query))

train_df['cutted'] = train_df['query'].apply(process_query)
test_df['cutted'] = test_df['query'].apply(process_query)

train_df.head()
```

	label	query	cutted
0	weather	今天东莞天气如何	[今天, 东莞, 天气, 如何]
1	map	从观音桥到重庆市图书馆怎么走	[从, 观音桥, 到, 重庆市, 图书馆, 怎么, 走]
2	cookbook	鸭蛋怎么腌?	[鸭蛋, 怎么, 腌, ?]
3	health	怎么治疗牛皮癣	[怎么, 治疗, 牛皮癣]
4	chat	唠什么	[唠, 什么]

图 11-2 数据预处理

在利用自然语言处理建模时，我们还需要关注序列的长度。我们可以通过以下方法绘制序列长度分布的直方图，结果如图 11-3 所示。由于数据中大部分序列长度小于 15，因此可以取 15 作为模型输入序列长度。通常选择的长度能覆盖 95%左右的序列即可。

```
train_df['cutted'].apply(lambda x: len(x)).hist()
```

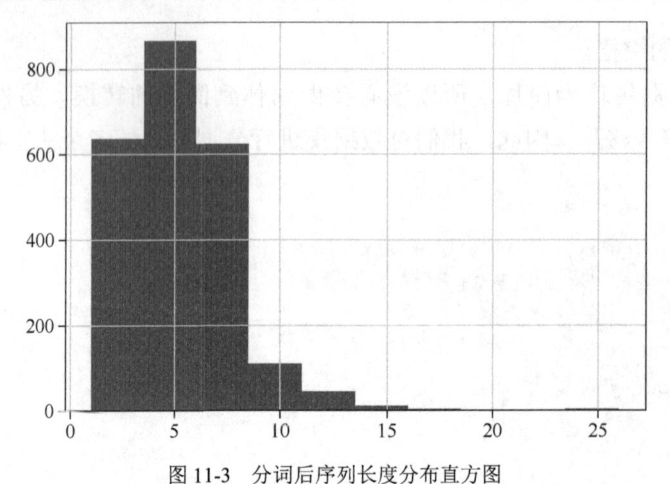

图 11-3　分词后序列长度分布直方图

现在我们定义一个 Processor 类，用于构建语料词表，以及处理 query 与索引间的转换。

```
import collections
import operator
from typing import List

import os
import json
import gensim
import numpy as np
import pathlib
import tensorflow as tf
from tensorflow.keras.preprocessing.sequence import pad_sequences


class Processor(object):

    def __init__(self):
        self.token2idx = {}                                # 标记到索引的字典
        self.token2count = collections.OrderedDict() # token 词频表
        self.label2idx = {}                                # 标签到索引的字典
        self.idx2label = {}                                # 索引到标签的字典

    def build_token_dict(self, corpus: List[List[str]]):
        """
        构建标记到索引的字典，这个方法将会遍历分词后的语料，构建一个标记频率字典，以及标记与索引的映射字典
        Args:
            corpus: 所有分词后的语料
        """
```

```
        token2idx = {
            '<PAD>': 0,
            '<UNK>': 1
        }

        token2count = {}
        for sentence in corpus:
            for token in sentence:
                count = token2count.get(token, 0)
                token2count[token] = count + 1
        # 按照词频降序排列
        sorted_token2count = sorted(token2count.items(),
                                    key=operator.itemgetter(1),
                                    reverse=True)
        self.token2count = collections.OrderedDict(sorted_token2count)

        for token in self.token2count.keys():
            token2idx[token] = len(token2idx)
        self.token2idx = token2idx

    def build_label_dict(self, labels: List[str]):
        """
        构建标签到索引的映射字典
        Args:
            labels: 所有语料对应的标记
        """
        label2idx = {}
        for label in labels:
            if label not in label2idx:
                label2idx[label] = len(label2idx)
        self.label2idx = label2idx
        self.idx2label = dict([(index, label) for label, index in label2idx.items()])

    def convert_text_to_index(self, sentence: List[str]):
        """
        将分词后的标记（token）数组转换成对应的索引数组
        如 ['我', '想', '睡觉'] -> [10, 313, 233]
        Args:
            sentence: 分词后的标记数组
        Returns: 输入数据对应的索引数组
        """
        token_result = []
        for token in sentence:
```

```
            token_result.append(self.token2idx.get(token, self.token2idx['<UNK>']))
        return token_result
```

接下来，初始化一个 Processor 类的对象，使用训练集和测试集构建词表和标签表。

```
processor = Processor()
processor.build_token_dict(list(train_df.cutted) + list(test_df.cutted))
processor.build_label_dict(list(train_df.label) + list(test_df.label))
```

在构建好词表后，我们可以使用 processor.token2idx 属性获取当前词表。现在，我们可以使用 convert_text_to_index()方法把分词后的 query 转换为对应的索引数组。

```
query_idx = processor.convert_text_to_index(['今天', '东莞', '天气', '如何'])
print(query_idx)
# 输出 [30, 410, 27, 101]
```

使用 processor 对象预处理数据集，步骤如下：

（1）分词后的 query 转换为对应的索引数组；

（2）补全序列到统一长度；

（3）将标签转换为对应的索引。

```
# 分词后的 query 转换为对应的索引数组
train_x = [processor.convert_text_to_index(query) for query in list(train_df.cutted)]
test_x  = [processor.convert_text_to_index(query) for query in list(test_df.cutted)]

# 补全序列到统一长度
train_x = pad_sequences(train_x, maxlen=15)
test_x  = pad_sequences(test_x, maxlen=15)

# 将标签转换为对应的索引
train_y = np.array([processor.label2idx[label] for label in list(train_df.label)])
test_y  = np.array([processor.label2idx[label] for label in list(test_df.label)])

print(train_x[:5])
print(train_y[:5])

# 输出处理后的数据
# [[   0    0    0    0    0    0    0    0    0    0    0   30  410   27  101  ]
#  [   0    0    0    0    0    0    0    0   49 1159    9 1160 1161    6   59  ]
#  [   0    0    0    0    0    0    0    0    0    0    0 1162    6 1163   7   ]
#  [   0    0    0    0    0    0    0    0    0    0    0    0    6  138  1164 ]
#  [   0    0    0    0    0    0    0    0    0    0    0    0    0  711  8    ]]
#  [0, 1, 2, 3, 4]
```

11.2 双向长短期记忆网络

在 10.3.4 节中，我们介绍过长短期记忆网络能够更好地处理序列问题，现在使用一个双向长短期记忆网络来构建分类模型。普通的循环神经网络是单向的，从序列开始遍历到结束，双向则从两个方向遍历，提取的特征更多一些。

```
L = tf.keras.layers

model = tf.keras.Sequential([
    # 使用 Embedding 层做词嵌入，输入维度等于词表中的词数量
    L.Embedding(input_dim=len(processor.token2idx),
                output_dim=100,
                input_shape=(15,)),
    # 双向 LSTM
    L.Bidirectional(L.LSTM(64)),
    # 全连接层
    L.Dense(64, activation=tf.nn.relu),
    # 最后一个全连接层输出维度等于标签数量
    L.Dense(len(processor.label2idx), activation=tf.nn.softmax)
    ])

model.compile(optimizer='adam',
              loss='sparse_categorical_crossentropy',
              metrics=['accuracy'])
model.summary()

hist = model.fit(np.array(train_x),
                 np.array(train_y),
                 validation_split=0.15,
                 epochs=20)

test_loss, test_acc = model.evaluate(test_x, test_y, verbose=0)
print(f'test loss: {test_loss}, test accuracy: {test_acc}')
```

可视化的训练结果如图 11-4 所示。可以看到，虽然训练集已经接近 100%的准确率，但验证集保持在 75%左右，出现了过拟合。出现这个问题的原因主要是我们的数据集比较少，能学到的特征少。在遇到这种过拟合问题时，我们可以选择使用预训练词嵌入来解决，从而提高模型的泛化能力。

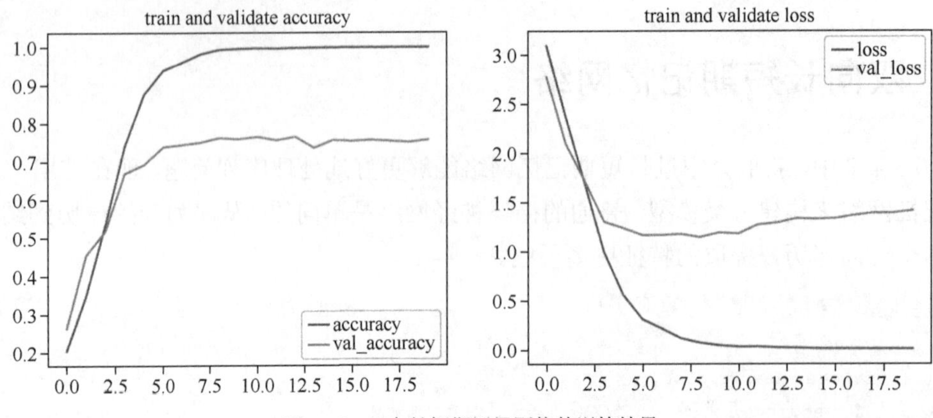

图 11-4 双向长短期记忆网络的训练结果

11.3 预训练词嵌入网络

在 10.2.3 节中，我们介绍过如何使用预训练词嵌入提取句子特征。我们为 Processor 类添加以下方法来构建词表和提取词表对应的词向量表。

```
class Processor(object):

    ...

    def build_from_w2v(self, w2v_path: str):
        """
        使用预训练词嵌入构建词表和词向量表
        Args:
            w2v_path: 预训练词嵌入文件的路径
        """
        w2v = gensim.models.KeyedVectors.load_word2vec_format(w2v_path)

        token2idx = {
            '<PAD>': 0, # 由于我们用 0 补全序列，因此补全标记的索引必须为 0
            '<UNK>': 1  # 新词标记的索引可以是任意一个，设置为 1 只是为了方便
        }

        # 我们遍历预训练词嵌入的词表，加入我们的标记到索引的映射字典
        for token in w2v.index2word:
            token2idx[token] = len(token2idx)

        # 初始化一个形状为[标记总数，预训练词向量的维度]的全 0 张量
        vector_matrix = np.zeros((len(token2idx), w2v.vector_size))
```

```
        # 随机初始化 <UNK> 标记的张量
        vector_matrix[1] = np.random.rand(300)
        # 从索引 2 开始使用预训练词向量
        vector_matrix[2:] = w2v.vectors
        self.w2v = w2v
        self.vector_matrix = vector_matrix
        self.token2idx = token2idx
```

我们初始化一个基于预训练词嵌入的 Processor 实例。因为词向量比较大，所以加载速度会比较慢。

```
w2v_processor = Processor()
w2v_processor.build_from_w2v('/input0/sgns.baidubaike.bigram-char')
w2v_processor.build_label_dict(list(train_df.label) + list(test_df.label))
```

我们使用新的 Tokenizer 重新处理一下 query 数据。

```
# 分词后的 query 转换为对应的索引数组
w2v_train_x = [w2v_processor.convert_text_to_index(query) for query in list(train_df.cutted)]
w2v_test_x  = [w2v_processor.convert_text_to_index(query) for query in list(test_df.cutted)]

# 补全序列到统一长度
w2v_train_x = pad_sequences(w2v_train_x, maxlen=15)
w2v_test_x  = pad_sequences(w2v_test_x, maxlen=15)
```

我们构建一个基于预训练词嵌入的双向长短期记忆网络，在这个模型中，只有嵌入层参数与之前的不一样，其他均一致。这个嵌入层的输入维度和词表中的词汇数量一致，输出维度和原词向量的向量维度一致，权重使用我们在 Tokenizer 实例中处理好的权重，并且设置为不可训练。

```
w2v_model = tf.keras.Sequential([
    L.Embedding(input_dim=len(w2v_processor.token2idx),
                output_dim=w2v_processor.w2v.vector_size,
                weights=[w2v_processor.vector_matrix],
                input_shape=(15,),
                trainable=False),
    L.Bidirectional(L.LSTM(64)),
    L.Dense(64, activation=tf.nn.relu),
    L.Dense(len(tokenizer.label2idx), activation=tf.nn.softmax)]
)

w2v_model.compile(optimizer='adam',
                  loss='sparse_categorical_crossentropy',
                  metrics=['accuracy'])
w2v_model.summary()
```

```
w2v_hist = w2v_model.fit(w2v_train_x,
                         w2v_train_y,
                         validation_split=0.15,
                         epochs=20)
test_loss, test_acc = w2v_model.evaluate(test_x, test_y, verbose=0)
print(f'test loss: {test_loss}, test accuracy: {test_acc}')
```

可以看到，在使用预训练词嵌入后，模型的准确率可以达到 90%（见图 11-5），可见预训练词嵌入是一个非常有效的优化手段。

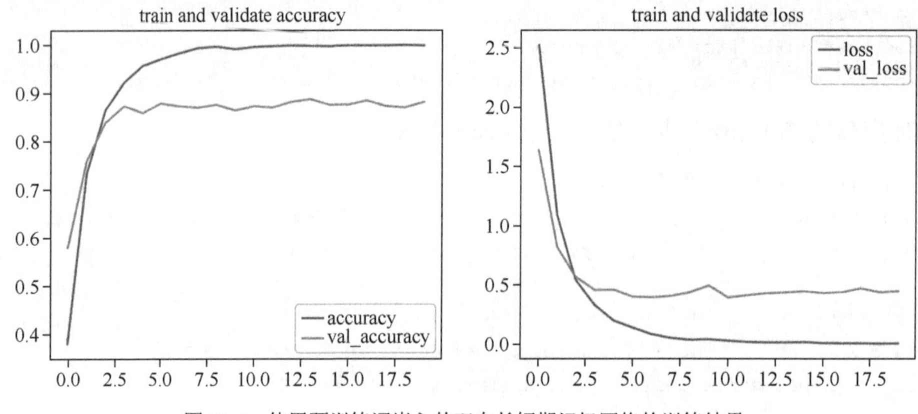

图 11-5　使用预训练词嵌入的双向长短期记忆网络的训练结果

如果我们现在想知道模型在每个意图的表现，那么可以使用 sklearn.metrics 模块提供的 classification_report()方法生成具体的报告。

```
from sklearn.metrics import classification_report

# 预测结果
predected_y = w2v_model.predict(w2v_test_x).argmax(-1)
# 标签列表
label_list = list(w2v_tokenizer.label2idx.keys())

report = classification_report(y_true=w2v_test_y,
                               y_pred=predected_y,
                               target_names=label_list)
print(report)
```

执行上述代码后可以得到以下报告。我们可以看到模型在 tvchannel、contacts、website、video、app、schedule 和 cinemas 这 7 个意图上的表现不是很好，下一步可以尝试对这些意图的数据进行扩充来进一步提高模型的性能。

```
              precision    recall  f1-score   support

     weather       0.91      0.95      0.93        22
         map       0.92      1.00      0.96        23
    cookbook       0.98      0.99      0.98        89
      health       1.00      1.00      1.00        19
        chat       0.97      0.90      0.94       154
       train       0.96      1.00      0.98        24
        calc       0.89      1.00      0.94         8
 translation       1.00      1.00      1.00        21
       music       0.78      0.82      0.80        22
   tvchannel       0.77      0.74      0.76        23
      poetry       0.97      0.97      0.97        34
   telephone       0.90      0.90      0.90        21
       stock       1.00      0.96      0.98        24
       radio       0.86      0.75      0.80         8
    contacts       0.77      1.00      0.87        10
     lottery       0.89      1.00      0.94         8
     website       0.64      0.89      0.74        18
       video       0.80      0.75      0.78        60
        news       0.91      1.00      0.95        20
         bus       0.89      1.00      0.94         8
         app       0.75      0.67      0.71        18
      flight       0.95      1.00      0.98        21
         epg       0.89      0.89      0.89        36
     message       1.00      0.90      0.95        21
       match       0.89      1.00      0.94         8
    schedule       0.70      0.78      0.74         9
       novel       1.00      0.75      0.86         8
      riddle       0.92      1.00      0.96        11
       email       0.88      0.88      0.88         8
    datetime       1.00      0.83      0.91         6
     cinemas       0.75      0.75      0.75         8

   micro avg       0.91      0.91      0.91       770
   macro avg       0.89      0.91      0.89       770
weighted avg       0.91      0.91      0.91       770
```

11.4 保存和加载模型

我们在 6.2 节中介绍过如何保存模型，为什么这里还要再讲一遍呢？因为在自然语言处理任务中还需要保存词表和标签索引表，以便后续使用。注意，如果模型的输入/输出都是数字，没有对应的词表和标签索引表，那么这个模型就没用了。因此，我们还需要为 Processor 类增加保存和加载的方法。

```
class Processor(object):

    ...

    def save_processor(self, folder: str):
        """
        保存 Processor 类的信息到目标文件夹
        Args:
            folder: 目标文件夹的路径
        """
        pathlib.Path(folder).mkdir(exist_ok=True, parents=True)
        token_index_path = os.path.join(folder, 'token_index.json')
        with open(token_index_path, 'w') as f:
            f.write(json.dumps(self.token2idx, ensure_ascii=False, indent=2))

        label_index_path = os.path.join(folder, 'label_index.json')
        with open(label_index_path, 'w') as f:
            f.write(json.dumps(self.label2idx, ensure_ascii=False, indent=2))

    def load_processor(self, folder: str):
        """
        加载保存的 Processor 类的信息
        Args:
            folder: 目标文件夹的路径
        """
        token_index_path = os.path.join(folder, 'token_index.json')
        with open(token_index_path, 'r') as f:
            self.token2idx = json.load(f)

        label_index_path = os.path.join(folder, 'label_index.json')
        with open(label_index_path, 'r') as f:
            self.label2idx = json.load(f)
            self.idx2label = dict([(v, k) for k, v in self.label2idx.items()])
```

由于给 Processor 类增加了方法，因此需要重新初始化 Processor 类以构建词表。在初始化预处理模块后，调用 save_processor()方法即可把预处理模块保存，方便下次使用。同时，我们还需要保存模型，以便后续使用。

```
# 由于给 Processor 类增加了方法，因此需要重新初始化 Processor 类以构建词表
new_w2v_processor = Processor()
```

```
new_w2v_processor.build_from_w2v('data/word2vec/sgns.weibo.bigram-char')
new_w2v_processor.build_label_dict(list(train_df.label) + list(test_df.label))
# 保存预处理模块
new_w2v_processor.save_processor('outputs/chapter-10/processor')
# 保存模型
w2v_model.save('outputs/chapter10/w2v_model.h5')
```

在保存好模型和预处理模块后，我们可以使用以下方式加载模型。因为 tf.keras.models.load_model()方法支持两种格式，会根据路径和文件类型自动推断，所以直接加载即可。在加载模型时，需要使用相同的预处理方法处理样本。相关示例如下。

```
# 加载 Processor
loaded_processor = Processor()
loaded_processor.load_processor('outputs/chapter-10/processor')

# 加载模型
loaded_model = tf.keras.models.load_model('outputs/chapter10/w2v_model.h5')
loaded_model.summary()

# 预测新的 query
text = '我想看生活大爆炸'
# 进行分词并转换成其索引
processed = process_query(text)
idx = loaded_processor.convert_text_to_index(processed)
print(f'text to idx: {text} -> {idx}')

# 补全序列长度
padding_idx = pad_sequences([idx], 15)
print(f'padding inputs: {padding_idx}')

# 使用模型预测并且把标签索引转换为对应的标签
label_idx = loaded_model.predict(padding_idx).argmax(-1)[0]
print(f'result domain: {loaded_processor.idx2label[label_idx]}')
```

本章小结

在本章，我们通过一个意图分类任务，介绍了如何预处理文本、搭建模型和使用预训练词嵌入优化模型性能。此外，我们还介绍了如何保存模型和预处理模块。读者可以尝试使用不同的预训练词嵌入来对比结果，也可以尝试使用自己的语料来训练一个分类模型。

第12章 自然语言生成实战

在本章中，读者将学习如何使用编码—解码架构构建一个自然语言生成模型。我们将通过写诗和翻译两个实例，分别了解 LSTM 语言模型和 Seq2Seq 语言模型。

本章要点：

- 语言模型；
- 采样策略；
- Seq2Seq 语言模型；
- 函数式模型。

12.1 利用语言模型写诗

我们以写诗为例，学习如何使用 LSTM 语言模型生成文本序列，同样的方法也适用于其他任何类型的序列数据。

12.1.1 语言模型的应用

深度学习序列生成模型的常用训练方法是使用前面的标记作为输入，来预测序列中的下一个或多个标记。例如，我们向模型输入“采菊东篱下，悠”，模型预测出“然”。这种能够对下一个标记的概率进行建模的模型叫作**语言模型**（language model）。语言模型能够捕捉到语言的**潜在空间**（latent space），即语言的统计结构。

训练好语言模型后，可以从中**采样**（sample）。采样就是从模型提取目标标记，生成新的序列。通过给模型输入一个初始输入，获得模型预测结果，并且把预测结果添加到输入字符串后面产生新的输入，再次使用模型预测出下一个标记。通过循环，这个过程可以生成任意长度的序列，这些序列能够反映模型训练数据的结构。

12.1.2 采样策略

生成文本时，如何选择下一个标记非常重要。最简单的采样方法是**贪婪采样**（greedy sampling），就是始终选择可能性最大的下一个标记。但这种方法会得到重复的、可预测的字符串。为了在采样过程中引入随机性，我们从下一个标记的概率分布中采样，这叫作**随机采样**（stochastic sampling），例如下一个标记是“南”的概率是0.2，那么，我们有20%的概率选择它。

我们在语言模型的输出层选择softmax作为激活函数。softmax虽然有时也能采样到不常见的标记，但是它在采样过程中无法控制随机性的大小。这就导致我们要么使用贪婪采样，每次选择概率最大的标记，生成完全可预测、没有随机性的内容，要么使用随机采样，生成完全不可控的内容。贪婪采样生成的内容千“遍”一律，不会产生有趣的内容，随机采样则完全不可控，可能出现内容完全不符合预期的情况。为了控制采样过程的随机性，我们引入一个参数：**softmax温度**（softmax temperature），用于表示采样概率分布的熵，即下一个标记有多么出人意料或者可预测程度。更高的“温度”得到的是熵更大的采样分布，会生成更加出人意料、更加无结构的数据，而更低的“温度”对应更小的随机性，以及更加可预测的数据。

12.1.3 利用LSTM语言模型写诗

我们选择唐诗作为数据集，构建一个唐诗的语言模型。唐诗以JSON格式存储，格式如下。在本例中，我们只关注诗本身，即paragraphs字段。

```
{
  "strains": [
    "平平平仄仄，平仄仄平平。",
    "仄仄平平仄，平平仄仄平。",
    "平平平仄仄，平仄仄平平。",
    "平仄仄平仄，平平仄仄平。"
  ],
  "author": "太宗皇帝",
  "paragraphs": [
    "秦川雄帝宅，函谷壮皇居。",
    "绮殿千寻起，离宫百雉馀。",
    "连薨遥接汉，飞观迥凌虚。",
    "云日隐层阙，风烟出绮疏。"
  ],
  "title": "帝京篇十首 一"
}
```

用以下代码读取唐诗数据集中的全部诗，去掉非五言绝句的部分，把每首诗合并为一个字符串。

```
import os
import glob
import json
import operator
import collections

from typing import List, Dict

import numpy as np
import pandas as pd
import tensorflow as tf

from tensorflow.keras.preprocessing.sequence import pad_sequences
from tensorflow.keras.utils import to_categorical

# 只保留五言绝句
def should_keep(paragraphs: List[str]):
    return all([len(par) == 12 for par in paragraphs])

# 读取数据
def read_all_data(path: str):
    poems = []
    files = glob.glob(os.path.join(path, 'poet.tang.*.json'))
    for file in files:
        file_data = json.load(open(file, 'r'))
        for item in file_data:
            if should_keep(item['paragraphs']):
                poem = ''.join(item['paragraphs'])
                poems.append(poem)
    return poems

poems = read_all_data('data/poetry')
# 为了加快训练，这里只取了10000首诗，可以酌情增加或者减少
poems = poems[:10000]
print(poems[:3])
```

执行后，可以看到加载后的数据的结构如下。

```
['公子申敬爱，携朋玩物华。人是平阳客，地即石崇家。水文生旧浦，风色满新花。日暮连归骑，长川照晚霞。',
 '高门引冠盖，下客抱支离。绮席珍羞满，文场翰藻摛。蓂华雕上月，柳色蔼春池。日斜归戚里，连骑勒金羁。',
 '今夜可怜春，河桥多丽人。宝马金为络，香车玉作轮。连手窥潘掾，分头看洛神。重城自不掩，出向小平津。']
```

与 11.1.2 节一样，我们定义一个数据预处理类来构造词表和转换词序列为词索引序列。

```
class Processor(object):

    def build_token_dict(self, corpus: List[List[str]]):
        """
        构建标记到索引的映射字典，这个方法将会遍历分词后的语料，构建一个标记频率字典，以及标记到索引的
        映射字典

        Args:
            corpus: 所有分词后的语料
        """
        token2idx = {
            '<PAD>': 0,
            '<UNK>': 1,
            '<BOS>': 2,
            '<EOS>': 3
        }

        token2count = {}
        for sentence in corpus:
            for token in sentence:
                count = token2count.get(token, 0)
                token2count[token] = count + 1
        # 按照词频降序排列
        sorted_token2count = sorted(token2count.items(),
                                    key=operator.itemgetter(1),
                                    reverse=True)
        token2count = collections.OrderedDict(sorted_token2count)

        for token in token2count.keys():
            if token not in token2idx:
                token2idx[token] = len(token2idx)
        return token2idx, token2count

    @staticmethod
    def numerize_sequences(sequence: List[str],
                           token2index: Dict[str, int]) -> List[int]:
        """
        将分词后的标记（token）数组转换成对应的索引数组
        如 ['我', '想', '睡觉'] -> [10, 313, 233]
```

```
        Args:
            sequence: 分词后的标记数组
            token2index: 标记到索引的映射字典
        Returns: 输入数据对应的索引数组
        """
        token_result = []
        for token in sequence:
            token_index = token2index.get(token)
            if token_index is None:
                token_index = token2index['<UNK>']
            token_result.append(token_index)
        return token_result
```

构建词表，用于后续将词序列转换为对应的词索引序列。

```
p = Processor()
# 这里我们对所有的诗做了基于字的分词，然后构建词表
p.token2idx, p.token2count = p.build_token_dict([list(seq) for seq in poems])
# 由于这是文本的生成，因此需要一个索引到词的映射关系
p.idx2token = dict([(v, k) for k,v in p.token2idx.items()])
```

我们还需要改变一下数据结构，这里选择输入 6 个标记，输出 1 个标记。这个输入长度也可以尝试改成别的数字，可能得到不一样的结果。我们以“公子申敬爱，携朋玩物华。”为例，看一下变换后的结构。左边是模型输入序列，右边是预测结果。

```
['公', '子', '申', '敬', '爱', '，'] -> 携
['子', '申', '敬', '爱', '，', '携'] -> 朋
['申', '敬', '爱', '，', '携', '朋'] -> 玩
['敬', '爱', '，', '携', '朋', '玩'] -> 物
['爱', '，', '携', '朋', '玩', '物'] -> 华
['，', '携', '朋', '玩', '物', '华'] -> 。
```

现在我们实现一个生成器，该生成器能够在整个语料上以 7 个字符长度为窗口滑动，取出前 6 个标记作为输入，将第 7 个标记作为输出。

```
# 先定义两个全局变量：输入序列长度和批次大小
INPUT_LEN = 6
BATCH_SIZE = 500

# 所有的诗整合为一个大的字符串，方便后续遍历
corpus = ''.join(poems)

def data_generator():
```

```
    t = 0
    while True:
        x_data = []
        y_data = []
        for i in range(BATCH_SIZE):
            # 取出 t 到 t + INPUT_LEN 位置的字符串序列并作为输入
            x = corpus[t: t + INPUT_LEN]
            # 取出 t + INPUT_LEN 位置的字符串并作为输出
            y = corpus[t + INPUT_LEN]

            # 输入/输出转换为数字
            x_data.append(p.numerize_sequences(list(x), p.token2idx))
            y_data.append(p.token2idx[y])

            t += 1
            # 当游标到最后时，从头开始遍历
            if t + 1 >= len(corpus) - INPUT_LEN:
                t = 0

        x_data = np.array(x_data)
        # 将输出序列转换为 one-hot 编码
        y_data = to_categorical(y_data, len(p.token2idx))

        yield x_data, y_data
```

现在定义我们的模型，只需要使用简单的 LSTM 语言模型。由于只取了部分数据，训练速度还可以，在 NVIDIA T4 GPU 上，每个轮次耗时 50s 左右，总共训练了 1 小时。

```
L = tf.keras.layers

model = tf.keras.Sequential([
    L.Embedding(input_dim=len(p.token2idx), output_dim=50, input_shape=(6, )),
    L.LSTM(128),
    L.Dropout(0.1),
    L.Dense(len(p.token2idx), activation='softmax')
])

model.compile(optimizer='adam', loss='categorical_crossentropy')
model.summary()

# 初始化数据生成器
# 如果想观察生成器每一步产生的数据，那么在初始化生成器后调用 next(gen) 函数
gen = data_generator()
```

```
# 每个轮次的步数=(整个语料序列的长度-窗口长度)/批次
steps = (len(corpus) - INPUT_LEN - 1) // BATCH_SIZE
model.fit_generator(gen,
                    steps_per_epoch=steps,
                    epochs=100)
```

训练完成后，我们可以开始用它写诗了。写诗的步骤如下。

（1）输入关键词，比如“南山”，然后从原始诗中随机选取一首，并用它补全输入序列。

（2）输入补全的序列到模型，进行预测。

（3）对预测结果进行采样。

（4）把采样结果加到之前的输入序列之后，去掉原始输入序列的第一个字符，生成新的输入序列。

（5）重复（2）～（4）步，直到达到特定长度。这里，我们定义出现 4 个“。”标记为结束。

现在，我们用代码实现上面的几个步骤。

```
def sample(preds: np.ndarray, temperature: float = 1.0) -> int:
    """
    使用 softmax 温度随机采样
    当 temperature = 1.0 时，模型输出正常
    当 temperature = 0.5 时，模型输出比较随机
    当 temperature = 1.5 时，模型输出比较保守

    Args:
        preds: 模型预测结果
        temperature: softmax 温度
    Returns:
        采样结果
    """
    preds = np.asarray(preds).astype('float64')
    exp_preds = np.power(preds, 1. / temperature)
    preds = exp_preds / np.sum(exp_preds)
    pro = np.random.choice(range(len(preds)), 1, p=preds)
    return int(pro.squeeze())

def predict_next_char(input_seq: List[str],
                      temperature: float = 1.0) -> str:
    """
    输入序列，预测下一个字符

    Args:
```

```
        input_seq: 输入序列
        temperature: softmax 温度
    Returns:
        下一个字符串
    """
    if len(input_seq) < INPUT_LEN:
        raise ValueError(f'seq length must large than {INPUT_LEN}')

    input_seq = input_seq[-INPUT_LEN:]
    input_tensor = p.numerize_sequences(input_seq, p.token2idx)
    input_tensor = np.array([input_tensor])
    preds = model.predict(input_tensor)[0]
    pred_idx = sample(preds, temperature)
    pred_char = p.idx2token[pred_idx]
    return pred_char

def pred_with_start(input_seq: List[str],
                    temperature: float = 1.0) -> List[str]:
    """
    以给定字符串作为开头写诗

    Args:
        input_seq: 诗开头字符串
        temperature: softmax 温度
    Returns:
        生成的诗序列
    """
    result = input_seq
    # 如果长度不足，则随机取一首诗补全
    if len(input_seq) < INPUT_LEN:
        padding_poem = list(random.choice(poems))
    else:
        padding_poem = []

    # 序列中出现 4 个句号或者序列长度超过 100 时停止
    # 100 这个限制主要是为了避免出现“死”循环
    should_continue = True
    while should_continue:
        pred_char = predict_next_char(padding_poem + result, temperature)
        result.append(pred_char)
        if result.count('。') == 4 or len(result) > 100:
            should_continue = False
    return result
```

以“冬日”为开头生成的诗如下。

```
Temperature: 0.3
冬日西来望，春风一草生。何当鲁山下，不得长生中。何处春深好，春深野火遥。山中不可见，世界岂无穷。
冬日落花尽，春风吹叶生。不知山上意，不得到中央。风雨随风雨，山云落月明。何人逢此地，更得不知音。
冬日望乡关，秋风吹夜鸟。不知天上客，不得一人间。日暮云中路，烟霞夜半空。山中无讼者，日暮不能归。

Temperature: 0.6
冬日临川上，春风入郭门。谁同抛酒酌，不似别离乡。夜入香房火，闲空坞水情。兰釭翻古树，绿竹滴芳兰。
冬日春风动，关门万里同。独卧南西远，无人在世情。清风吹树树，白雪有人人。何处山中好，云生旧妇家。
冬日乘上客，晴明起一杯。十年终不住，玄鸟自宜赊。一宿三湘水，西风满一泉。晨时数千里，秋恨百神人。

Temperature: 1.0
冬日方先老，明时岂是知。回怀锦麒羁，何以离史书。不得鲜朱节，唯当饮此明。因酬画巾阁，日照金鱼灞。
冬日蚊露发，凉风吹野歌。东楼颠意在，老置讵论心。东人轻迹驾，独有怨仙时。春霜下归客，迟早小飞看。
冬日凝霜雪，成辞入麝泉。因之此玄目，自指行太归。我来与郡送，一云亘石深。只能病爱酒，胸忆定难忘。

Temperature: 1.2
冬日灵端吐，花条宴暮兵。离情生倚咏，生死采兵衰。公门依会立，云醉暝频闻。恍漱仍天断，飘飖成旧名。
冬日残朝雨，林园至欲见。云连龟栖石，客向成深池。岸山何不迥，梧山树杉林。楚乡自灌路，一鸟起兰闱。
冬日怀穿枣，闲推用孝船。背听歌吐桂，带雪待衔花。尘蔽凝浑习，文身寄使商。吞程动不退，惭雨栖知我。

Temperature: 1.5
冬日时消策，东园如彼雠。足求偷疏酿，引酒任卜狱。宁知社胸民，秉镜双葑曲。兵阵旷星高，岂穷童阙人。
冬日山尘恨，王人入鸟关。心中遮凤阁，效拟任紫堂。洛泽璧微间，铜银浇解衣。令人斜火息，犹寒看雀端。
冬日商路没，美星慵一身。岧峣冰芙蓉，山啼鸡暗鸭。军岑过题楚，缭动旁云舟。雾收芒柳笋，紫漠落天寒。
```

我们还可以写藏头诗，只需要将上面的 pred_with_start()方法修改为 predict_hide()方法。

```python
def predict_hide(head_tokens: List[str],
                 temperature: float = 1.0) -> List[str]:
    """
    写藏头诗

    Args:
        head_tokens: 每一句的第一个字组成的数组
        temperature: softmax 温度
    Returns:
        生成的诗序列
    """
    padding_poem = list(random.choice(poems))
    result = []
```

```
    for i in range(4):
        result.append(head_tokens[i])
        sentence_end = False
        while not sentence_end:
            char = predict_next_char(padding_poem + result, temperature)
            result.append(char)
            if char == '。':
                sentence_end = True
    return result
```

12.2 Seq2Seq 语言模型

Seq2Seq（Sequence-to-Sequence）语言模型的输入是一个序列，输出也是一个序列。例如，输入是英文句子，输出是翻译后的中文。基础的 Seq2Seq 语言模型包含了 3 个部分，即编码器（encoder）、解码器（decoder），以及连接两者的中间向量（thought vector），如图 12-1 所示。编码器通过学习输入，将其编码成一个固定大小的状态向量 **S**，继而将 **S** 传给解码器，解码器再通过对状态向量 **S** 的学习来进行输出。

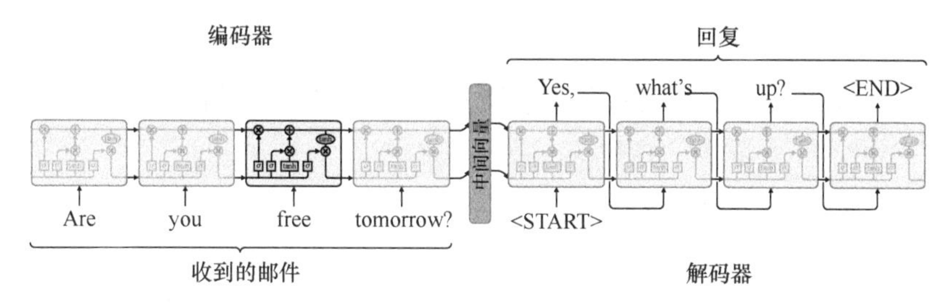

图 12-1 生成式闲聊机器人的结构

这个结构最重要的地方在于输入序列和输出序列的长度是可变的，可以用于翻译、聊天机器人、句法分析和文本摘要等。

12.2.1 编码器

编码器是由一组卷积神经网络单元组成的神经网络。它接受一个序列作为输入，从输入序列中提取信息，并前向传播提取到的信息，最终由最后一个卷积层的隐藏层的状态输出作为这个序列的抽象特征。这个抽象特征张量作为解码器的初始状态。

12.2.2　解码器

解码器也是一个由一组卷积神经网络单元组成的神经网络。它每一次接受序列在t时刻的状态，预测下一个时刻的状态。例如一个问答问题，答案是['Yes', 'what's', 'up']。解码器将 Yes 和上一个时刻隐藏层的状态作为输入，输出“what's”，通过多次循环输出最终答案。

现在，我们详细讲解一下图 12-1。

（1）编码器模型输入序列 ['Are', 'you', 'free', 'tomorrow?']，经过 LSTM 层前向传播，获得 LSTM 层最后的隐藏层的状态，作为中间向量。

（2）将第（1）步生成的中间向量作为解码器 LSTM 层的初始状态，然后给解码器输入一个开始标识<START>进行预测，获得预测结果 Yes 和 LSTM 层的隐藏层的状态。

（3）将第（2）步生成的 LSTM 层的隐藏层的状态作为 LSTM 层的初始状态，将第（2）步的结果 Yes 作为模型的输入，得到新的输出和隐藏层状态。

（4）重复第（3）步，每次使用上一步的输出和隐藏层状态，直至预测到结束标记<END>。

上面的步骤以生成式闲聊机器人为例，但同样也可以用于机器翻译、文本摘要等场景。Seq2Seq 语言模型中的解码器与在 12.1 节中出现的生成模块相似，只是前者多了一个中间状态的输入。

12.3　利用 Seq2Seq 语言模型实现中英文翻译

12.3.1　tf.keras 中的函数式模型

在实现翻译模型之前，我们需要学习一个概念：**函数式模型**（functional model）。通常，在搭建比较复杂的模型时，我们选择使用函数式模型。函数式模型可以定义多输入/多输出模型和具有共享层的模型等复杂模型。

我们先看一个大家比较熟悉的模型架构。

```
import tensorflow as tf
L = tf.keras.layers

model = tf.keras.Sequential([
    L.Dense(12, input_dim=7, activation='relu', name='dense_layer0'),
    L.Dense(6, activation='relu', name='dense_layer1'),
    L.Dense(1, activation='sigmoid', name='output_layer')
])
```

现在，我们使用函数式模型实现同样的模型。

```
# 定义层
# Input 层是个特殊的层，用于定义输入的形状，初始化后是一个张量
input_layer = L.Input(shape=(7,), name='input_layer')
# 除 Input 以外的层对象接受张量作为参数，返回一个张量
dense_layer0 = L.Dense(12, activation='relu', name='dense_layer0')
dense_layer1 = L.Dense(6, activation='relu', name='dense_layer1')
output_layer = L.Dense(1, activation='sigmoid', name='output_layer')

# 定义运算流程
# input_layer 本身就是输入张量
inputs = input_layer
# 输入张量作为参数传入 dense_layer0 层，经过前向传播后得到张量 x
x = dense_layer0(inputs)
# 张量 x 作为参数传入 dense_layer1 层，经过前向传播后得到新的张量 x
x = dense_layer1(x)
# 新的张量 x 作为参数传入 output_layer 层，经过前向传播后得到模型的输出张量
predictions = output_layer(x)

# 使用输入张量和输出张量初始化一个函数式模型
model = tf.keras.Model(inputs=inputs, outputs=predictions)
```

函数式模型是被广泛使用的一类模型，序贯模型只是它的一种特殊情况。除构建方法不一样以外，它们的训练和预测方法是一致的。

12.3.2 数据预处理

Seq2Seq 翻译模型的训练过程需要一个编码器输入、一个解码器输入和一个解码器输出。假设我们的样本是['hello']→['<BOS>', '你', '好', '<EOS>']，那么编码器输入为英文句子，即['hello']。解码器输入为['<BOS>', '你', '好']，解码器输出为['你', '好', '<EOS>']。这种通过使用目标序列偏移了一个时间步长的序列作为预测结果的训练方式称为**老师强迫**（teacher forcing）。训练出来的解码器在给定目标序列前一个字符的情况下，对其进行训练以预测目标序列的下一个字符。

由于数据集是繁体形式，因此我们使用 hanziconv 框架把语料转换成简体形式。首先，在终端执行以下命令安装 hanziconv。

```
pip install hanziconv
```

我们还需要使用 segtok 进行英文分词。在终端，我们执行以下命令安装 segtok。

```
pip install segtok
```

接下来，我们预处理数据集，处理过程比较简单，只需要使用如下代码。

```
# 引入依赖项
import collections
import operator
import random
from typing import List, Dict

import numpy as np
import pandas as pd
from hanziconv import HanziConv
from segtok.tokenizer import word_tokenizer
from tensorflow import keras
from tensorflow.keras.preprocessing.sequence import pad_sequences
from tensorflow.keras.utils import to_categorical

data_path = 'data/cmn-eng/cmn.txt'
df = pd.read_csv(data_path, header=None, sep='\t')

# 原始数据没有表头，我们用这个方法增加表头
df.columns = ['en', 'cn', 'cc']
# 为了加速训练过程，我们只取前 5000 条数据，用户也可以使用全部数据进行训练
df = df[:5000]

# 把繁体中文转换为简体中文
df['cn'] = df['cn'].apply(lambda x: HanziConv.toSimplified(x))

# 使用 segtok 分词，分词前把全部文本转为小写形式
df['en_cutted'] = df['en'].apply(lambda x: word_tokenizer(x.lower()))
# 基于字的分词，同时增加开始标志和结束标志
df['cn_cutted'] = df['cn'].apply(lambda x: ['<BOS>'] + list(x) + ['<EOS>'])
df.head()
```

在 12.1.3 节中已经定义了一个 Processor 类，我们继续使用它来构建英文词表和中文词表，代码如下。

```
p = Processor()

p.input2idx, p.input2count = p.build_token_dict(df.en_cutted.to_list())
p.output2idx, p.output2count = p.build_token_dict(df.cn_cutted.to_list())

p.idx2output = dict([(v, k) for k, v in p.output2idx.items()])
```

根据数据定义一些全局变量，代码如下。

```
ENCODER_DIM = len(p.input2idx)
DECODER_DIM = len(p.output2idx)

# 读取序列长度，用于补全数据
EN_SEQ_LEN = max([len(seq) for seq in df.en_cutted.to_list()])
CN_SEQ_LEN = max([len(seq) for seq in df.cn_cutted.to_list()])

# 隐藏层的数量
HIDDEN_LAYER_DIM = 512
```

接下来，我们处理数据集，通过 3 个步骤来进行“老师强迫”学习：转换成标记索引、补全序列，以及处理解码器的输入/输出。

```
tokenized_en = []
tokenized_cn = []

for input_seq in df.en_cutted.to_list():
    tokenized_en.append(p.numerize_sequences(input_seq, p.input2idx))

for output_seq in df.cn_cutted.to_list():
    tokenized_cn.append(p.numerize_sequences(output_seq, p.output2idx))

padded_en = pad_sequences(tokenized_en, EN_SEQ_LEN, padding='post', truncating='post')
padded_cn = pad_sequences(tokenized_cn, CN_SEQ_LEN, padding='post', truncating='post')

encoder_input_data = padded_en
# 将第 0 个时长到倒数第 2 个时长的序列作为解码器的输入
decoder_input_data = padded_cn[:, :-1]
# 将第 1 个时长到最后一个时长的序列作为解码器的输入
# 由于输出层通过交叉熵计算损失，因此需要把解码器的输出转换为 one-hot 编码
decoder_output_data = to_categorical(padded_cn[:, 1:], DECODER_DIM)
```

12.3.3 Seq2Seq 翻译模型的训练

Seq2Seq 翻译模型的架构如图 12-2 所示。编码器用一个嵌入层提取英文句子的向量表示，然后通过一个 LSTM 层，丢弃 LSTM 层的输出，取出 LSTM 层的最后一个神经元的隐藏层的状态作为输入的特征表示中间向量。解码器以t_0时刻到t_{n-1}时刻的中文句子作为输入，使用一个解码器嵌入层提取中文句子的向量表示，经过一层 LSTM 编码后，使用 softmax 全连接层预测t_1时刻到t_n时刻的中文句子并作为输出。其中编码器输出的中间向量将作为解码器 LSTM 层的初始状态。该模型的代码实现如下。

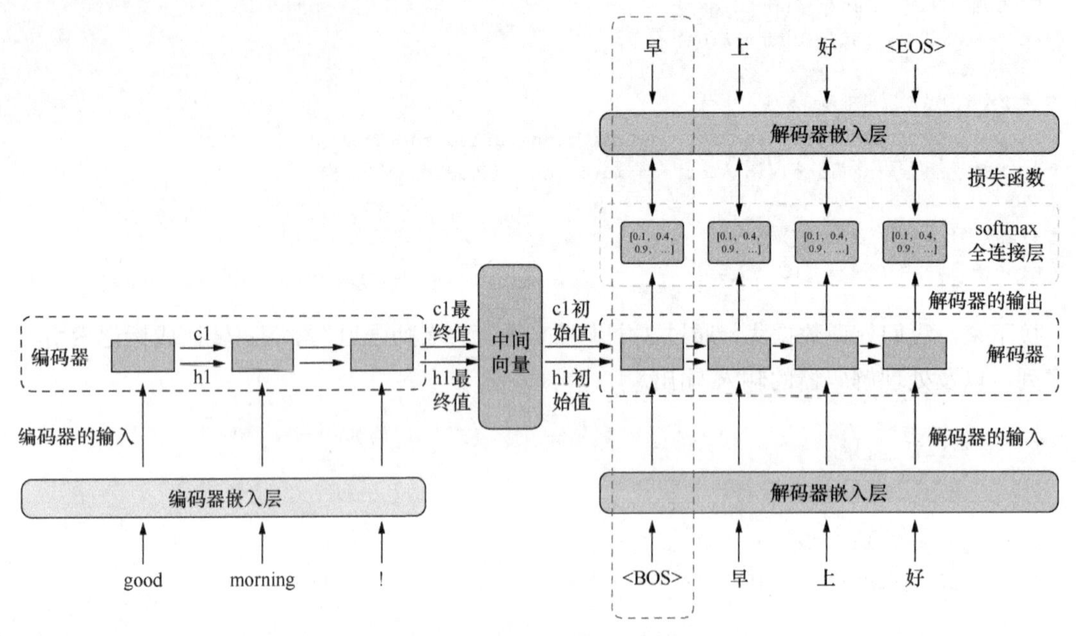

图 12-2　Seq2Seq 翻译模型的架构

```
L = keras.layers

# 编码器的输入
encoder_inputs = L.Input(shape=(None,),
                         name='encoder_inputs')

# 编码器嵌入层
encoder_embedding_layer = L.Embedding(input_dim=ENCODER_DIM,
                                      output_dim=64,
                                      name='encoder_embedding')

# 编码器 LSTM 层
encoder_lstm_layer = L.LSTM(HIDDEN_LAYER_DIM,
                            return_state=True,  # 返回编码器 LSTM 层的隐藏层的状态
                            name='encoder_lstm')

encoder_embeddings = encoder_embedding_layer(encoder_inputs)
# 获取编码器 LSTM 层的隐藏层的状态
encoder_outputs, state_h, state_c = encoder_lstm_layer(encoder_embeddings)

encoder_states = [state_h, state_c]
```

```
# 解码器的输入
decoder_inputs = L.Input(shape=(None,),
                         name='decoder_inputs')
# 解码器嵌入层
decoder_embedding_layer = L.Embedding(input_dim=DECODER_DIM,
                                      output_dim=64,
                                      name='decoder_embedding')
# 解码器 LSTM 层
decoder_lstm_layer = L.LSTM(HIDDEN_LAYER_DIM,
                            return_sequences=True,  # 返回序列
                            return_state=True,  # 返回解码器的隐藏层的状态
                            name='decoder_lstm')

# 解码器的全连接层
decoder_dense_layer = L.Dense(DECODER_DIM,
                              activation='softmax',
                              name='decoder_dense')

decoder_embeddings = decoder_embedding_layer(decoder_inputs)
# 使用编码器 LSTM 层的隐藏层的状态作为解码器的初始状态
decoder_lstm_output, state_h, state_c = decoder_lstm_layer(decoder_embeddings,
                                                  initial_state=encoder_states)
decoder_outputs = decoder_dense_layer(decoder_lstm_output)

# 构造模型，输入为编码器的输入和解码器的输入，输出为解码器的输出
model = keras.Model([encoder_inputs, decoder_inputs], decoder_outputs)
model.compile(optimizer='rmsprop', loss='categorical_crossentropy', metrics=['acc'])
model.summary()

# 训练 100 轮次
model.fit([encoder_input_data, decoder_input_data],
          decoder_output_data,
          epochs=100,
          batch_size=64,
          callbacks=[])
```

12.3.4 Seq2Seq 翻译模型的预测

对于 Seq2Seq 翻译模型，预测过程和训练过程不太一致，因为我们还需要构造编码器和解码器来完成预测。预测过程如下：

（1）编码器对于输入进行编码以生成中间向量；

（2）使用中间向量作为解码器的初始状态；

（3）输入<BOS>开始标记和中间向量，并将它们作为解码器的输入，预测下一个标记和LSTM 层的隐藏层的状态；

（4）将上一步预测得到的标记和隐藏层的状态作为输入，预测下一个标记和隐藏层的状态；

（5）重复第（4）步，直到得到<EOS>结束标记。

接下来，我们构造编码器和解码器。在构造编码器和解码器时，我们直接使用之前定义的层，这样就能将训练的权重用于预测。另外，我们需要定义一个预测方法来实现上面的 5 个步骤。相关代码如下。

```
# 编码器接受编码器的输入，输出编码器的隐藏层的状态
encoder_model = keras.Model(encoder_inputs, encoder_states)
encoder_model.summary()

# 解码器接受解码器嵌入层的结果和上一次的隐藏层的状态作为输入
decoder_state_input_h = L.Input(shape=(HIDDEN_LAYER_DIM,))
decoder_state_input_c = L.Input(shape=(HIDDEN_LAYER_DIM,))
decoder_states_inputs = [decoder_state_input_h, decoder_state_input_c]

decoder_lstm_outputs, h, c = decoder_lstm_layer(decoder_embeddings,
                                                initial_state=decoder_states_inputs)

# 解码器以目标序列和当前隐藏层的状态作为输出
decoder_states = [h, c]
decoder_outputs = decoder_dense_layer(decoder_lstm_outputs)

decoder_model = keras.Model([decoder_inputs] + decoder_states_inputs,
                            [decoder_outputs] + decoder_states)
decoder_model.summary()


def translate_sentence(sentence: List[str]):
    """
    翻译句子
    Args:
        sentence: 原始句子

    Returns:
        翻译结果
    """
    # 输入的句子转换为 idx 序列，补全序列
    vec_sen = p.numerize_sequences(sentence, p.input2idx)
    vec_sen = pad_sequences([vec_sen], EN_SEQ_LEN, padding='post', truncating='post')
    # 获取中间向量
```

```
    h1, c1 = encoder_model.predict(vec_sen)

    # 以开始标记<BOS>作为输入标记，开始预测
    target_seq = np.array([[p.output2idx['<BOS>']]])

    outputs: List[int] = []

    while True:
        # 预测下一个标记，更新隐藏层的状态
        output_tokens, h1, c1 = decoder_model.predict([target_seq, h1, c1])
        # 通过 argmax()方法得到下一个标记的 id
        sampled_token_index: int = np.argmax(output_tokens[0, -1, :])

        # 标记为结束标志或者序列过长时停止预测
        if sampled_token_index == p.output2idx['<EOS>'] or len(outputs) > 30:
            break

        outputs.append(sampled_token_index)
        # 使用预测标记作为下一次预测的输入
        target_seq = np.array([[sampled_token_index]])

    return ''.join([p.idx2output[output] for output in outputs])
```

我们随机抽样 10 条数据进行测试，可以看到翻译结果比较准确。当然，这是因为测试句子来自原始训练数据。我们可以使用大量数据来训练这个 Seq2Seq 翻译模型，从而得到一个比较完善的翻译模型。抽样代码如下。

```
for i in range(10):
    sentence = random.choice(df.en_cutted.to_list())
    res = translate_sentence(sentence)
    print(f"{' '.join(sentence):30}-> {res}")
```

输出的结果如下。

```
they're children .            -> 她们是孩子。
birds build nests .           -> 鸟儿筑巢。
we expect to win .            -> 我们打算赢。
humor me .                    -> 你就遂了我的意吧。
tom became a minister .       -> 汤姆当上了部长。
i'm always here .             -> 我一直在这里。
are you coming tomorrow ?     -> 你明天要来吗?
i like your room .            -> 我喜欢你的房间。
tom is consoling mary .       -> 汤姆在安慰玛丽。
stay off the grass .          -> 不要走在草地上。
```

本章小结

本章介绍了 LSTM 语言模型和 Seq2Seq 语言模型这两种生成式模型，并分别给出了写诗和翻译示例。除此以外，生成式模型还可以用于文本摘要、知识问答和聊天机器人等场景。读者可以尝试使用不同的语料，结合不同的场景，搭建自己的生成式模型。

第 13 章 中文实体识别实战

命名实体识别是自然语言处理中的基础任务。在本章中，我们以《人民日报》语料实体识别任务为例，介绍如何实现文本序列标注。同时，我们介绍如何使用 BERT 实现迁移学习来提高模型的性能。

本章要点：

- 命名实体识别；
- 评估序列标注；
- 使用 BERT 进行迁移学习。

13.1 报纸实体识别

序列标注任务是中文自然语言处理（NLP）在句子层面的主要任务，在给定的文本序列上预测序列中需要做出标注的标签。常见的子任务有命名实体识别（NER）、Chunk 提取，以及词性标注（POS）等。

命名实体识别（Name Entity Recognation，NER）是指从文本序列中提取命名实体（name entity）。命名实体一般指的是文本中具有特定意义或者指代性强的实体，通常包括人名、地名、组织机构名、日期时间和专有名词等。在实际的业务处理中，也可以按照业务需求识别出更多的实体，例如产品的名称、型号和价格等。命名实体识别也是关系抽取、事件抽取、知识图谱、机器翻译和问答系统等诸多自然语言处理任务的基础。

NER 从早期基于词典和规则的方法，到传统的机器学习的方法，发展到现在的基于深度学习和迁移学习的方法。

13.1.1 数据集

针对中文公开的实体识别数据非常少，我们一般会使用《人民日报》1998 年标注语料作为基础训练语料。《人民日报》数据集采用了 CoNLL 2003 标准的标注方法，即 IOB 标注法。在 IOB 标注法中，I 表示 Inside，O 表示 Outside，B 表示 Begin。标注的 label 是 I-*XXX* 形式的，表示这个字符在 *XXX* 类命名实体的内部（inside）。B 用于标记一个命名实体的开始。样本之间使用一个空行来分隔。

```
海 O
钓 O
比 O
赛 O
地 O
点 O
在 O
厦 B-LOC
门 I-LOC
与 O
金 B-LOC
门 I-LOC
之 O
间 O
的 O
海 O
域 O
。O
```

我们需要把上面的文本数据格式转换成序列标注的常用格式，即每一个样本转换为一个特征数组和一个标签数组。上面的样本转换后的结果如下。

```
['海', '钓', '比', '赛', '地', '点', '在', '厦', '门',
 '与', '金', '门', '之', '间', '的', '海', '域', '。']
['O', 'O', 'O', 'O', 'O', 'O', 'O', 'B-LOC', 'I-LOC',
 'O', 'B-LOC', 'I-LOC', 'O', 'O', 'O', 'O', 'O', 'O']
```

读取数据的代码如下。

```
import random
import operator
import collections

import numpy as np
import pandas as pd

from typing import List, Dict, Tuple

import matplotlib.pyplot as plt
```

```python
import tensorflow as tf
from tensorflow.keras.preprocessing.sequence import pad_sequences
from tensorflow.keras.utils import to_categorical
%matplotlib inline

def read_net_data(file_path: str) -> Tuple[List[List[str]], List[List[str]]]:
    x_data, y_data = [], []
    with open(file_path, 'r', encoding='utf-8') as f:
        lines = f.read().splitlines()
        x, y = [], []
        for line in lines:
            rows = line.split(' ')
            if len(rows) == 1:
                x_data.append(x)
                y_data.append(y)
                x = []
                y = []
            else:
                x.append(rows[0])
                y.append(rows[1])
    return x_data, y_data

train_x, train_y = read_net_data('data/peoples-daily-ner/example.train')
valid_x, valid_y = read_net_data('data/peoples-daily-ner/example.dev')
test_x, test_y = read_net_data('data/peoples-daily-ner/example.test')
```

读取原始数据后，还需要把文本数据集转换成对应的索引数组，对于这部分内容，相信读者已经很熟悉了。我们继续使用 12.1.3 节中已经定义的 Processor 类来构建输入词表，此外，还需要构建一个标签词表并且保存，具体代码如下。

```python
p = Processor()

# 使用全部语料构建输入词表
p.token2idx, p.token2count = p.build_token_dict(train_x + valid_x + test_x)

# 构建标签词表
label2idx = {
    '<PAD>': 0
}

all_label_data = train_y + valid_y + test_y
for sequence in all_label_data:
    for label in sequence:
        if label not in label2idx:
```

```
            label2idx[label] = len(label2idx)

    p.label2idx = label2idx
    p.idx2label = dict([(v, k) for k, v in p.label2idx.items()])
```

在序列标注问题中构建词表时，还需要确定模型能处理的序列长度。如果数据分布比较均匀，那么我们可以直接使用最长序列的序列长度；如果数据分布不均匀，则选择使用能覆盖大部分数据长度的序列长度；如果有极端情况，比如一半数据的序列长度很短，例如 20，另一半数据的序列长度很长，比如超过 100，那么最好为两种长度的序列构建两个序列长度不同的模型。我们使用以下代码绘制序列长度分布直方图，结果如图 13-1 所示。

```
seq_len_list = [len(seq) for seq in train_x]
plt.figure()
plt.hist(seq_len_list)
plt.show()
print(f"max length: {max(seq_len_list)}")
```

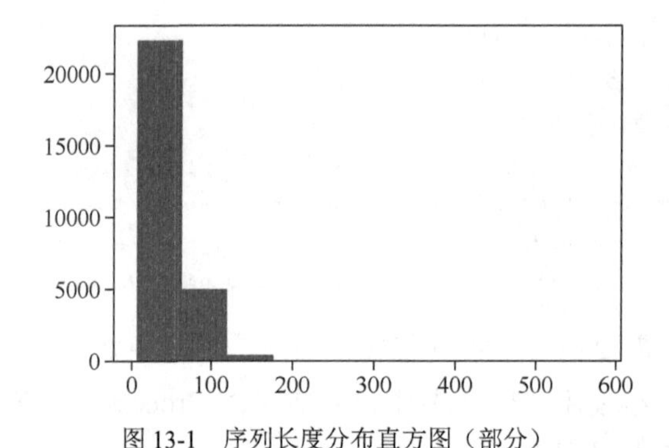

图 13-1　序列长度分布直方图（部分）

在程序运行后，我们可以看到，最长序列的长度为 577（注意，因为过长的序列太少，所以图 13-1 中显示不出来），大部分序列的长度在 100 以内，因此选择 100 作为我们的目标序列长度。接下来，我们把数据转换成对应的特征张量，代码如下。

```
# 序列长度
SEQ_LEN = 100

def process_dataset(x_set, y_set):
    x_set_num = [p.numerize_sequences(seq, p.token2idx) for seq in x_set]
    y_set_num = [p.numerize_sequences(lab, p.label2idx) for lab in y_set]

    # 补全序列长度
    x_set_pad = pad_sequences(x_set_num, SEQ_LEN, padding='post', truncating='post')
```

```
    y_set_pad = pad_sequences(y_set_num, SEQ_LEN, padding='post', truncating='post')

    # 标签序列转换为 one-hot 编码表示
    y_set_one = to_categorical(y_set_pad, len(p.label2idx))

    return x_set_pad, y_set_one

train_x_tensor, train_y_tensor = process_dataset(train_x, train_y)
valid_x_tensor, valid_y_tensor = process_dataset(valid_x, valid_y)
test_x_tensor, test_y_tensor = process_dataset(test_x, test_y)
```

13.1.2 训练模型

数据准备好了，我们用一个双向 LSTM 模型来拟合数据。这个模型和之前的双向 LSTM 文本分类模型类似，主要的区别是该模型会返回一个序列，因此，我们需要把 LSTM 层的 return_sequences 属性设定为 True。该模型的构建和训练代码如下。

```
TOKEN_COUNT = len(p.token2idx)
LABEL_COUNT = len(p.label2idx)
EMBEDDING_DIM = 64
HIDDEN_DIM = 64

L = keras.layers

inputs = L.Input((SEQ_LEN, ), name='input_layer')
embedding_layer = L.Embedding(input_dim=TOKEN_COUNT,
                              output_dim=EMBEDDING_DIM,
                              name='embedding_layer')
bi_lstm_layer = L.Bidirectional(L.LSTM(HIDDEN_DIM,
                                       return_sequences=True))
dense_layer = L.Dense(LABEL_COUNT, activation=tf.nn.softmax)

tensor = embedding_layer(inputs)
tensor = bi_lstm_layer(tensor)
outputs = dense_layer(tensor)

model = keras.Model(inputs, outputs)
model.compile(optimizer='adam',
              loss='categorical_crossentropy',
              metrics=['accuracy'])
model.summary()
```

```
model.fit(train_x_tensor,
          train_y_tensor,
          validation_data=(train_x_tensor, train_y_tensor),
          epochs=10,
          batch_size=256)
```

通过 10 轮的训练，训练集的准确率达到了 0.9665，验证集的准确率达到了 0.9689，结果令人满意。那么，我们验证一下模型效果。

13.1.3 评估序列标注

我们使用测试集评估序列标注模型，代码如下。

```
loss, acc = model.evaluate(test_x_tensor, test_y_tensor, batch_size=512)
print(f"lost: {loss}, accuracy: {acc}")
```

该模型在验证集上的准确率达到了 96.7%，按照之前的标准，这已经是很不错的结果了。但我们不要高兴得太早，这里的准确率很高是因为在我们的数据中包含了大量的补全标签和 O 标签，但我们重点关注的是序列中的实体，并不关心模型对于补全的标签预测有多么准确。我们使用序列标注任务评估框架 seqeval 来评估模型。我们可以在终端执行以下代码安装 seqeval。

```
pip install seqeval==0.0.10
```

安装 seqeval 框架后，我们用以下代码先定义 predict 来进行预测，然后使用 seqeval 框架生成评估报告。

```
from seqeval.metrics import classification_report

def predict(sequences: List[List[str]]):
    """
    预测序列标注结果
    Args:
        sequences: 文本序列数组
    Returns:
        文本序列的标注数组
    """
    len_list = [len(seq) for seq in sequences]
    x_set_num = [p.numerize_sequences(seq, p.token2idx) for seq in sequences]

    # 补全序列长度
    x_set_pad = pad_sequences(x_set_num, SEQ_LEN, padding='post', truncating='post')
    predicts = model.predict(x_set_pad)
    predict_labels = predicts.argmax(-1)
```

```
    result = []
    for index, label_idx in enumerate(predict_labels):
        label_idx = label_idx[:len_list[index]]
        labels = [p.idx2label[idx] for idx in label_idx]
        result.append(labels)
    return result

# 由于模型只能处理一定长度的序列，因此需要对原始标签进行截断
y_true = [y[:SEQ_LEN] for y in test_y]
y_pred = predict(test_x)
print(classification_report(y_true, y_pred))
```

结果如下，精准率为 21%，召回率为 25%，简直惨不忍睹。由此可见，我们在做序列标注任务时不能只看模型的准确率和损失。

```
           precision    recall  f1-score   support

      ORG       0.10      0.13      0.11      2148
      LOC       0.25      0.30      0.27      3431
      PER       0.28      0.29      0.28      1798

micro avg       0.20      0.25      0.22      7377
macro avg       0.21      0.25      0.23      7377
```

训练 50 轮后的结果如下。虽然结果有所改善，但还是非常不理想。接下来，我们通过迁移学习来改善模型性能。

```
           precision    recall  f1-score   support

      ORG       0.46      0.57      0.51      2148
      LOC       0.64      0.69      0.66      3431
      PER       0.71      0.76      0.73      1798

micro avg       0.60      0.67      0.63      7377
macro avg       0.61      0.67      0.64      7377
```

13.2 使用 BERT 进行迁移学习实体识别

在 10.2.4 节中，我们介绍了 BERT，它刷新了自然语言处理的 11 项纪录，成为自然语言处理领域新的标杆。值得我们高兴的一点是，BERT 开源了中文预训练语言模型。现在，我们尝试使用 BERT 进行迁移学习来改善之前的模型的性能。

13.2.1　在 tf.keras 中加载 BERT 模型

我们选择使用 keras-bert 框架来加载 BERT 官方预训练数据集，相对于官方的实现，keras-bert 版本使用起来更加方便，代码逻辑更清晰。我们根据提出 BERT 的论文中的建议，使用 BERT 的最后 4 层的输出作为特征表示。

在终端，执行以下代码安装 keras-bert。

```
pip install keras-bert
```

加载模型的代码如下。

```
import os
# 需要设定环境变量来将 tf.keras 作为后端
os.environ['TF_KERAS'] = '1'
from keras_bert import load_trained_model_from_checkpoint

SEQ_LEN = 100
BERT_PATH = 'data/bert/chinese_L-12_H-768_A-12'

config_path = os.path.join(BERT_PATH, 'bert_config.json')
checkpoint_path = os.path.join(BERT_PATH, 'bert_model.ckpt')

bert_model = load_trained_model_from_checkpoint(config_path,
                                                 checkpoint_path,
                                                 seq_len=SEQ_LEN, # 序列长度
                                                 output_layer_num=4) # 提取特征层数
bert_model.summary(line_length=120)
```

我们还需要定义一个预处理类来处理数据。预处理类的代码如下。

```
import os
import codecs
from typing import List

class BERTProcessor(object):

    def read_vocab_list(self, bert_folder: str):
        """
        读取 BERT 词表
        Args:
            bert_folder: BERT 的文件夹的路径
        """
        dict_path = os.path.join(bert_folder, 'vocab.txt')
```

```
        token_dict = {}
        with codecs.open(dict_path, 'r', 'utf8') as reader:
            for line in reader:
                token = line.strip()
                token_dict[token] = len(token_dict)

        self.token2idx = token_dict

    def build_label_dict(self, y_data):
        """
        构建标签词表
        Args:
            y_data: 标签数据数组
        """
        # 构建标签词表，需要增加一个特殊标志 [PAD] 用于标记补全位
        label2idx = {
            '[PAD]': 0
        }

        for sequence in y_data:
            for label in sequence:
                if label not in label2idx:
                    label2idx[label] = len(label2idx)

        self.label2idx = label2idx

    def numerize_sequences(self, sequence: List[str], token2idx: Dict[str, int]) -> List[int]:
        """
        将分词后的标记（token）数组转换成对应的索引数组
        Args:
            sequence: 分词后的标记数组
        Returns: 输入数据对应的索引数组
        """
        token_result = []
        for token in sequence:
            token_index = token2idx.get(token)
            if token_index is None:
                token_index = token2idx['[UNK]']
            token_result.append(token_index)
        return token_result

p = BERTProcessor()
p.read_vocab_list(BERT_PATH)
```

现在，我们就可以使用 BERT 语言模型提取句子特征表示了，句子转换成对应的索引表示后，调用 predict()方法即可。需要注意的是，BERT 是双输入模型，提取句子特征时，我们会输入一个相同形状的全 0 张量作为第二个输入。

```
sentences = [[
    '语', '言', '模', '型'
]]
x_set_num = [p.numerize_sequences(seq, p.token2idx) for seq in sentences]
x_set_pad = pad_sequences(x_set_num, SEQ_LEN, padding='post', truncating='post')
x_segments = np.zeros(x_set_pad.shape)

# 输出句子的特征张量
bert_model.predict((x_set_pad, x_segments))
```

13.2.2 构建迁移模型

在 BERT 语言模型加载好后，我们只需要简单地修改一下之前的模型，去掉嵌入层，替换为 BERT 的输出。

```
HIDDEN_DIM = 64

L = tf.keras.layers

bi_lstm_layer = L.Bidirectional(L.LSTM(HIDDEN_DIM, return_sequences=True))
dense_layer = L.Dense(len(p.label2idx), activation=tf.nn.softmax)

tensor = bi_lstm_layer(bert_model.output)
outputs = dense_layer(tensor)

transfer_model = tf.keras.Model(bert_model.inputs, outputs)
transfer_model.compile(optimizer='adam',
                       loss='categorical_crossentropy',
                       metrics=['accuracy'])
transfer_model.summary()
```

在构建好模型后，我们还需要修改一下数据的预处理方法。修改后的代码如下。

```
# 序列长度
SEQ_LEN = 100

def process_bert_dataset(x_set, y_set):
    x_set_num = [bert_processor.numerize_sequences(seq, p.token2idx) for seq in x_set]
```

```
    y_set_num = [bert_processor.numerize_sequences(lab, p.label2idx) for lab in y_set]

    # 补全序列长度
    x_set_pad = pad_sequences(x_set_num, SEQ_LEN, padding='post', truncating='post')
    y_set_pad = pad_sequences(y_set_num, SEQ_LEN, padding='post', truncating='post')

    x_segments = np.zeros(x_set_pad.shape)

    # 将标签序列转换为 one-hot 编码
    y_set_one = to_categorical(y_set_pad, len(p.label2idx))

    return (x_set_pad, x_segments), y_set_one

train_x_tensor, train_y_tensor = process_bert_dataset(train_x, train_y)
valid_x_tensor, valid_y_tensor = process_bert_dataset(valid_x, valid_y)
test_x_tensor, test_y_tensor = process_bert_dataset(test_x, test_y)
```

准备好数据集后，就可以训练模型了。不过，由于 BERT 很复杂，训练和预测的速度都比较慢，因此对资源的要求比较高。

```
transfer_model.fit(train_x_tensor,
                   train_y_tensor,
                   validation_data=(valid_x_tensor, valid_y_tensor),
                   batch_size=512,
                   epochs=50)
```

在训练好模型后，我们可以使用以下代码进行预测。在预测前，我们需要使用同样的方法进行数据预处理。

```
def bert_predict(sequences: List[List[str]]) -> List[List[str]]:
    len_list = [len(seq) for seq in sequences]
    x_set_num = [bert_processor.numerize_sequences(seq, p.token2idx) for seq in sequences]

    # 补全序列长度
    x_set_pad = pad_sequences(x_set_num, SEQ_LEN, padding='post', truncating='post')
    x_segments = np.zeros(x_set_pad.shape)

    predicts = transfer_model.predict([x_set_pad, x_segments])
    predict_labels = predicts.argmax(-1)

    result = []
    for index, label_idx in enumerate(predict_labels):
        # 截断预测序列，保持和输入一致
        label_idx = label_idx[:len_list[index]]
```

```
        labels = [bert_processor.idx2label[idx] for idx in label_idx]
        result.append(labels)
    return result
```

训练 10 轮后，f1 就达到了 79%，可见 BERT 预训练语言模型的强大。不过，由于 BERT 过于复杂，训练和预测的速度都非常慢，因此需要强大的硬件支持。继续训练 50 轮，f1 可以达到 87%，相比之前好了很多。

```
              precision    recall  f1-score   support

         LOC       0.77      0.85      0.81      3431
         ORG       0.66      0.72      0.69      2148
         PER       0.87      0.89      0.88      1798

   micro avg       0.76      0.82      0.79      7377
   macro avg       0.76      0.82      0.79      7377
```

本章小结

本章通过一个实体识别实战，首先介绍了如何构建序列标注模型和如何使用预训练 BERT 模型实现，然后介绍了如何使用 seqeval 框架评估序列标注模型。读者可以尝试使用 bert4keras 这类的框架加载其他预训练语言模型进行迁移学习，也可以尝试使用作者开源的框架 Kashgari 实现文本分类和文本标注模型。

第 14 章

生成对抗网络

在本章中，读者将通过生成手写数字图像的实践过程，学习生成对抗网络的原理和训练方法。

本章要点：

- 生成对抗网络的原理；
- 实现生成对抗网络；
- 生成对抗网络的调优技巧。

14.1 生成对抗网络的原理

生成对抗网络（Generative Adversarial Network，GAN）在 2014 年被 Ian Goodfellow 等人首次提出，此后迅速流行，成为热门的深度学习模型。GAN 能够非常有效地学习特定领域的知识，可以用于创作图像、音乐和文本等。从某种意义上来说，GAN 就是深度学习中的“艺术家”。

GAN 的原理非常简单，假设有两个玩家，A 负责造假，B 负责鉴别真假。A 的目的是构造尽可能逼真的假数据，B 的目的则是识别出所有的假数据。两个玩家通过一次次博弈，A 能构造出更加逼真的假数据，B 能更好地识别假数据。

在 GAN 中，A 是**生成器**（generator），B 是**判别器**（discriminator）。

- 生成器：接收一个随机噪声向量$\boldsymbol{x}$作为输入，生成一个张量 $\boldsymbol{G}(\boldsymbol{x})$。
- 判别器：接收一个张量作为输入，输出其真假。

以图像生成为例，GAN 的整个训练过程如下：

（1）生成器接收随机噪声，并生成假图像；

（2）判别器接收假图像和真实图像组合的数据，学习如何判别真假图像；

（3）生成器生成新的图像，并使用判别器来判别真假，同时通过判别器结果来判别此次造假的水平；

（4）重复步骤（1）～（3）。

14.2　搭建生成对抗网络

下面我们搭建生成对抗网络论文 *Generative Adversarial Networks* 中讲述的生成对抗网络，这是一种比较简单的模型。需要注意的是，对于生成对抗网络的训练非常困难，经常需要做大量的架构和参数调整，一些细微的变更可能会导致完全不同的结果。

14.2.1　生成器

下面我们定义生成器。生成器接收一个随机噪声（潜在空间中的一个随机点）并将其作为输入，经过模型前向传播生成一张候选图像。

```
import numpy as np
from tensorflow import keras

L = keras.layers

LATENT_DIM = 100 # 潜在空间的维度
IMAGE_SHAPE = (28, 28, 1) # 输出图像的尺寸

generator_net = [
    L.Input(shape=(LATENT_DIM, )),
    L.Dense(256),
    L.LeakyReLU(alpha=0.2),
    L.BatchNormalization(momentum=0.8),
    L.Dense(512),
    L.LeakyReLU(alpha=0.2),
    L.BatchNormalization(momentum=0.8),
    L.Dense(1024),
    L.LeakyReLU(alpha=0.2),
    L.BatchNormalization(momentum=0.8),
    L.Dense(np.prod(IMAGE_SHAPE), activation='tanh'),
    L.Reshape(IMAGE_SHAPE),
]

generator = keras.models.Sequential(generator_net)
generator.summary()
```

在定义生成器时，我们使用了如下几个技巧。这些技巧基本来自经验，不一定适合所有的情况，但经验告诉我们使用这些技巧能够取得很好的结果。

- 使用随机噪声作为输入，保证模型具备一定的随机性，以防止生成模型“卡住”，没办法继续优化。
- 将 tanh 作为最后一层的激活函数。根据经验，在 GAN 的生成器中，将 tanh 作为最后一层的激活函数，可以取得更好的结果。
- 使用 LeakyReLU 激活函数来替代 ReLU 激活函数。ReLU 激活函数会导致梯度稀疏，而稀疏梯度会妨碍 GAN 的训练。LeakyReLU 有很小的负数激活值，会在一定程度上放宽对于稀疏性的要求。

14.2.2 判别器

判别器接收一个图像张量作为输入，然后输出真和假（1 和 0）。这是一个简单的二分类模型。

```
# 判别器的层列表
discriminator_net = [
    L.Input(shape=IMAGE_SHAPE),
    L.Flatten(),
    L.Dense(512),
    L.LeakyReLU(alpha=0.2),
    L.Dense(256),
    L.LeakyReLU(alpha=0.2),
    L.Dense(1, activation='sigmoid'),
]

optimizer = keras.optimizers.Adam(0.0002, 0.5)

discriminator = keras.models.Sequential(discriminator_net)
discriminator.compile(loss='binary_crossentropy',
                      optimizer=optimizer,
                      metrics=['accuracy'])
discriminator.summary()
```

14.2.3 完成生成对抗网络的搭建

现在，我们回顾一下 14.1 节给出的生成对抗网络的训练过程。

其中，第（3）步的实现需要一个生成对抗网络。生成对抗网络的输入为随机噪声，经过生成器生成图像。生成的图像继续作为判别器的输入，最终的输出为图像的真假。在生成对抗网络中，需要冻结判别器的层的权重，因为生成对抗网络的优化目标是不断完善造假水平，所以生成对抗网络只需要训练生成器的层。

```
# 生成对抗网络使用生成器模型层和判别器模型层，它们共享权重
adversarial_net = generator_net + discriminator_net

# 冻结判别器的层的权重
# trainable 属性只有编译后才生效，因此，之前的判别器中同样的层还是可以训练的
for layer in discriminator_net:
    layer.trainable = False

adversarial = keras.models.Sequential(adversarial_net)

# 编译对抗模型
optimizer = keras.optimizers.Adam(0.0002, 0.5)
adversarial.compile(loss='binary_crossentropy',
                    optimizer=optimizer,
                    metrics=['accuracy'])
adversarial.summary()
```

14.3　训练生成对抗网络

因为在生成对抗网络的训练过程中需要交替训练生成器和判别器，所以训练过程和之前的模型不太一样，需要我们自己处理每个批次。我们通过以下代码介绍一下训练过程。在训练过程中，我们将使用 tqdm 框架输出训练进度条。如果没有安装该框架，那么需要先通过 pip 方式安装。

在终端，执行以下命令安装 tqdm。

```
pip install tqdm
```

安装好 tqdm 后，模型训练的代码如下。

```
import tqdm

def train(batch=30000, batch_size=32):
    # 读取数据集，我们只需要图像数据，不需要标签和测试数据
    (image_set, _), (_, _) = keras.datasets.mnist.load_data()

    # 数据归一化
    image_set = image_set / 127.5 - 1.
    # 数据格式转换 [count, 28, 28] -> [count, 28, 28, 1]
    image_set = image_set.reshape(len(image_set), 28, 28, 1)

    # 准备 batch_size 大小的真假数据标签
    valid = np.ones((batch_size))
    fake = np.zeros((batch_size))
```

```
    # 使用 tqdm 生成迭代器，使用方法和 range(batch)类似，只是多了一个进度条
    batch_list = tqdm.trange(batch)
    for batch in batch_list:
        # ------ 生成器生成图像 ------
        # 随机选择 batch_size 数量的数据作为训练数据
        idx = np.random.randint(0, image_set.shape[0], batch_size)
        imgs = image_set[idx]

        # 生成噪声数据并作为生成器的输入
        noise = np.random.normal(0, 1, (batch_size, LATENT_DIM))

        # 使用生成器生成图像
        gen_imgs = generator.predict(noise)

        # ------ 训练判别器 ------
        # 使用真实图像和生成图像训练判别器，真实图像的标签全部为 1，生成图像的标签全部为 0
        d_state_real = discriminator.train_on_batch(imgs, valid)
        d_state_fake = discriminator.train_on_batch(gen_imgs, fake)
        d_state = 0.5 * np.add(d_state_real, d_state_fake)

        # ------ 训练生成器 ------
        # 生成噪声数据并作为生成对抗网络
        noise = np.random.normal(0, 1, (batch_size, LATENT_DIM))

        # 训练生成对抗网络，目标是生成判别器认为真实的图像，因此标签为 1
        # 因为生成对抗网络中的判别器的层都冻结了，所以实际上在训练生成器，不断生成更加逼真的图像
        adv_state = adversarial.train_on_batch(noise, valid)

        # 更新进度条后缀文本，用于输出训练进度
        state = f"[D loss: {d_state[0]:.4f} acc: {d_state[1]:.4f}] " \
                f"[A loss: {adv_state[0]:.4f} acc: {adv_state[1]:.4f}"
        batch_list.set_postfix(state=state)

# 调用 train()函数后就可以开始训练了
train(batch=30000, batch_size=32)
```

现在，我们回顾一下整个训练过程。

（1）定义生成器。生成器接收随机噪声作为输入，输出一个生成图像张量。

（2）定义判别器。判别器接收一张图像作为输入，输出一个表示图像真伪的张量。

（3）定义一个生成对抗网络。生成对抗网络接收随机噪声作为输入，输出一个表示图像真伪的张量。生成对抗网络的网络层由生成器模型层和判别器模型层组成，其中判别器的层的权重需要冻结。

（4）将一批随机噪声输入生成器，生成一批图像。

（5）使用生成的图像和真实图像训练判别器。

（6）使用新的随机噪声作为输入训练生成对抗网络中的生成器，使其“造假”水平越来越高。

（7）重复步骤（4）～（6）。

在训练过程中，我们可以可视化训练结果。可视化结果的代码如下。

```
import matplotlib.pyplot as plt
from IPython.display import clear_output

def sample_images():
    rows, columns = 3, 10
    sample_count = rows * columns

    plt.figure(figsize=(columns, rows))

    # 使用生成器生成图像
    noise = np.random.normal(0, 1, (sample_count, LATENT_DIM))
    gen_imgs = generator.predict(noise)
    # 生成器图像张量的范围从[-1, 1]改为[0, 1]
    gen_imgs = 0.5 * gen_imgs + 0.5

    index = 0
    for row in range(rows):
        for col in range(columns):
            image = np.reshape(gen_imgs[index], [28, 28])
            plt.subplot(rows, columns, index+1)
            plt.imshow(image, cmap='gray')
            plt.axis('off')
            index += 1
    plt.tight_layout()
    plt.show()
    return gen_imgs

# 在上面的train()函数最后增加下面的代码，每50个批次输出一次
def train(batch=5000, batch_size=32):
    ...
    for batch in batch_list:
        ...
        if (batch + 1) % 50 == 0:
            # 清空cell之前的输出
            clear_output(wait=True)
            _ = sample_images()
```

在训练 30000 个批次后，我们已经可以辨别 GAN 输出的结果了（见图 14-1）。可以看到，从一开始完全随机生成图像到慢慢生成有意义的图像，虽然时而会有一些失败的图像，但整体在不断变好。

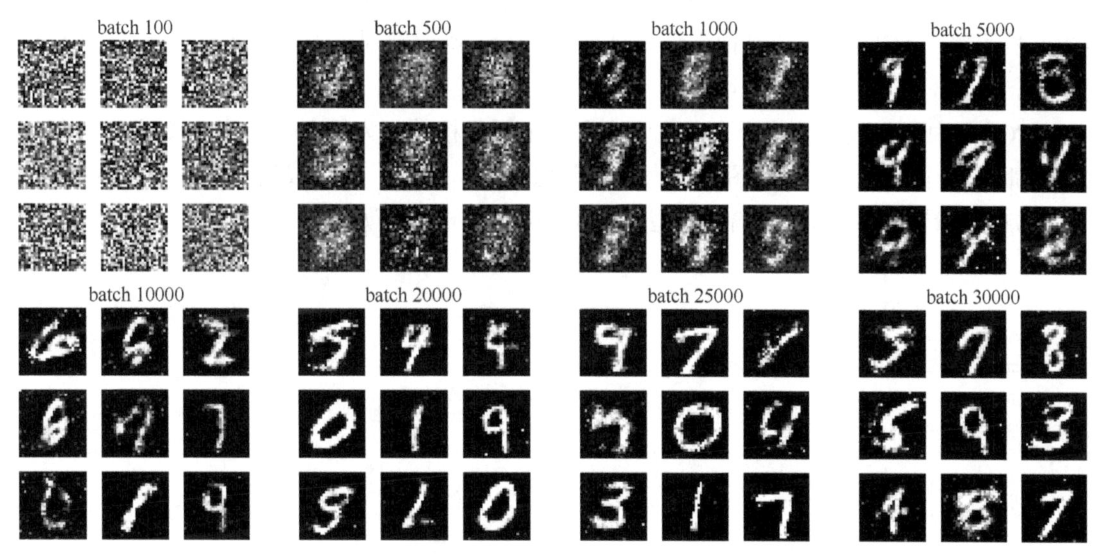

图 14-1 生成样本可视化

除可视化训练过程生成的图像以外，还可以可视化训练过程中的损失和准确率（见图 14-2）。由于 GAN 的训练过程是一个动态过程，每个批次是一个新的开始，因此并不会有简单的梯度下降过程，而是一个不断对抗平衡的过程。因此，想要正确地训练 GAN，需要使用一些技巧和进行大量的调试。

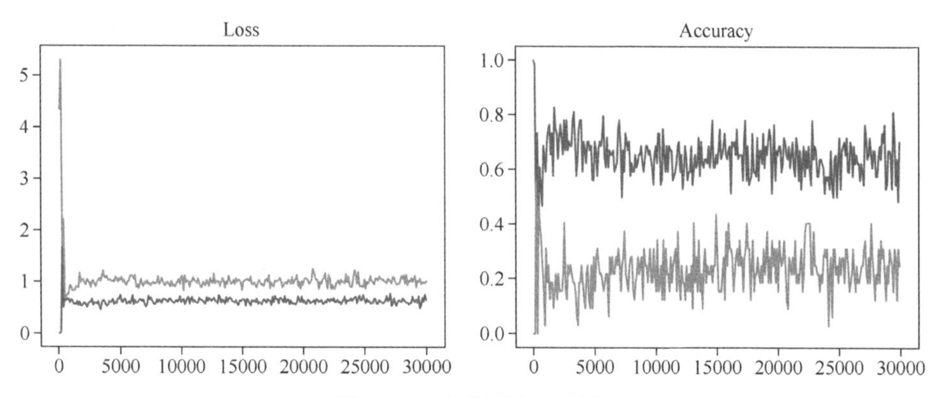

图 14-2 对抗模型训练可视化

14.4 辅助类别生成对抗网络

虽然 14.1 节中介绍的 GAN 能生成一个图像，但没有办法生成指定类别的图像。**辅助类别生成对抗网络**（ACGAN）通过把类别信息添加到生成器和判别器中，从而能够产生特定类别的数据。

ACGAN 中的生成器接收一个随机噪声和一个图像标签作为输入，生成一张图像。判别器接收一张图像作为输入，输出图像的真假和图像标签。因此，此生成器是一个多输入单输出模型，判别器是一个单输入多输出模型。ACGAN 的实现代码如下。

```
import tqdm
import numpy as np
import matplotlib.pyplot as plt
from tensorflow import keras
from tensorflow.keras import Sequential, Model
from IPython.display import clear_output

plt.rcParams['figure.dpi'] = 180
L = keras.layers

# 定义常量
LATENT_DIM = 100 # 潜在空间的维度
IMAGE_SHAPE = (28, 28, 1) # 输出图像的尺寸
NUM_CLASS = 10

# 生成器
noise = L.Input(shape=(LATENT_DIM,))
label = L.Input(shape=(1,), dtype='int32')
label_embedding = L.Embedding(NUM_CLASS, 100,
                              embeddings_initializer='glorot_normal')(label)
model_input = L.multiply([noise, label_embedding])

gen_model = Sequential([
    L.Dense(3 * 3 * 384, input_dim=LATENT_DIM, activation='relu'),
    L.Reshape((3, 3, 384)),
    L.Conv2DTranspose(192, 5, 1, padding='valid',
                      kernel_initializer='glorot_normal'),
    L.Activation("relu"),
    L.BatchNormalization(),

    L.Conv2DTranspose(96, 5, 2, padding='same',
                      kernel_initializer='glorot_normal'),
    L.Activation("relu"),
    L.BatchNormalization(),
```

```
    L.Conv2DTranspose(1, 5, 2, padding='same',
                      kernel_initializer='glorot_normal'),
    L.Activation("tanh"),
])

image = gen_model(model_input)

generator = Model([noise, label], image)
generator.summary()

#判别器
dis_model = Sequential([
    L.Conv2D(32, 3, padding='same', strides=2,
                 input_shape=(28, 28, 1)),
    L.LeakyReLU(0.2),
    L.Dropout(0.3),

    L.Conv2D(64, 3, padding='same', strides=1),
    L.LeakyReLU(0.2),
    L.Dropout(0.3),

    L.Conv2D(128, 3, padding='same', strides=2),
    L.LeakyReLU(0.2),
    L.Dropout(0.3),

    L.Conv2D(256, 3, padding='same', strides=1),
    L.LeakyReLU(0.2),
    L.Dropout(0.3),

    L.Flatten()
])

img = L.Input(shape=IMAGE_SHAPE)

# 使用dis_model()方法提取图像特征
features = dis_model(img)

# 输出图像是否正确和图像具体的标签
validity = L.Dense(1, activation="sigmoid")(features)
label = L.Dense(NUM_CLASS, activation="softmax")(features)

discriminator = Model(img, [validity, label])

optimizer = keras.optimizers.Adam(0.0002, 0.5)
# 由于判别器是多输出模型，且一个输出为二分类，另一个输出为多分类，因此有两个不同的损失函数
losses = ['binary_crossentropy', 'sparse_categorical_crossentropy']

discriminator.compile(loss=losses,
```

```
                     optimizer=optimizer,
                     metrics=['accuracy'])
discriminator.summary()

# 对抗模型
discriminator.trainable = False

# 对抗模型接收噪声和标签作为输入，输出图像的真假和标签
noise = L.Input(shape=(LATENT_DIM,))
label = L.Input(shape=(1,))
gen_image = generator([noise, label])

valid_state, target_label = discriminator(gen_image)

optimizer = keras.optimizers.Adam(0.0002, 0.5)
losses = ['binary_crossentropy', 'sparse_categorical_crossentropy']

combined = keras.models.Model([noise, label], [valid_state, target_label])
combined.compile(loss=losses,
                 optimizer=optimizer)
combined.summary()
```

ACGAN 的训练过程和 14.3 节中的训练过程类似，我们只需要修改一下模型的输入和输出。为了优化训练结果，我们还要使用两个 GAN 训练中的技巧。

（1）使用单侧软真假值（one-sided soft real/fake label），即把代表真和假的 1 和 0 中的其中一个替换成 0.95 和 0.05 中的一个。这个技巧可以防止模型过拟合，从而提高训练的效率。

（2）防止判别器学习生成图像的标签。通过对训练样本的权重设置，把生成图像的标签权重设置为 0，不让模型学习生成图像的标签。

ACGAN 的训练的代码如下。

```
def sample_images() -> np.array:
    rows, columns = 10, 10

    sampled_labels = np.array([0, 1, 2, 3, 4, 5, 6, 7, 8, 9] * rows)

    # 生成样本图像
    noise = np.random.uniform(-1, 1, (rows * columns, LATENT_DIM))
    gen_images = generator.predict([noise, sampled_labels])
    gen_images = gen_images * 127.5 + 127.5
    gen_images = gen_images.reshape(len(gen_images), 28, 28).astype(np.uint8)

    fig, axes = plt.subplots(rows, columns, figsize=(4, 4))
    for i, ax in enumerate(axes.flat):
```

```
        ax.axis('off')
        ax.imshow(gen_images[i], cmap="gray")

    plt.show()

    return gen_images

def train_acgan(epochs, batch_size=100):
    training_samples = []
    # 加载数据集
    (image_set, label_set), (_, _) = keras.datasets.mnist.load_data()

    # 数据归一化
    image_set = image_set / 127.5 - 1.
    # 数据格式转换:[count, 28, 28] -> [count, 28, 28, 1]
    image_set = image_set.reshape(len(image_set), 28, 28, 1)

    batch_count = int(len(image_set) / batch_size)

    for epoch in range(epochs):
        print(f"Epoch {epoch}/{epochs}")
        # 使用 tqdm 生成迭代器，使用方法和 range(batch)类似，只是多了一个进度条
        batch_list = tqdm.trange(batch_count)
        metrics = []
        for index in batch_list:
            # ------- 训练判别器 --------
            # 遍历全部训练数据，确保模型输入的多样性
            valid_images = image_set[index * batch_size:(index + 1) * batch_size]
            valid_labels = label_set[index * batch_size:(index + 1) * batch_size]

            # 随机初始化噪声和标签，用于生成图像
            noise = np.random.uniform(-1, 1, (batch_size, LATENT_DIM))
            sample_labels = np.random.randint(0, NUM_CLASS, batch_size)

            # 使用生成器生成图像
            gen_images = generator.predict([noise, sample_labels])

            # 训练判别器
            x = np.concatenate((valid_images, gen_images))
            # 使用单侧软真假值技巧，用 0.95 替代图像的正确标签 1
            # 这样可以避免过拟合，易于训练判别器
            y = np.concatenate(([0.95] * batch_size, [0.0] * batch_size))

            aux_y = np.concatenate((valid_labels, sample_labels))
```

```
            # 我们希望判别器只关注图像的真假和真实图像的标签是否正确
            # 因为生成图像的标签被忽略，所以样本损失的权重设置为 0
            disc_sample_weight = [np.ones(batch_size * 2), np.ones(batch_size * 2)]
            disc_sample_weight[1][:batch_size] = 2
            disc_sample_weight[1][batch_size:] = 0

            d_state = discriminator.train_on_batch(x, [y, aux_y],
                                                   sample_weight=disc_sample_weight)
            # 使用新的随机噪声和图像标签生成数据
            noise = np.random.uniform(-1, 1, (2 * batch_size, LATENT_DIM))
            sample_labels = np.random.randint(0, NUM_CLASS, 2 * batch_size)
            trick_labels = np.array([0.95] * 2 * batch_size)
            # 训练生成器
            g_state = combined.train_on_batch([noise, sample_labels],
                                              [trick_labels, sample_labels])

            metrics.append([*d_state, *g_state])
        # 生成样本数据
        gen_images = sample_images()

        # 从 metrics 中解析出各个指标的均值
        metrics = np.array(metrics)

        dis_loss = np.mean(metrics[:,0])
        dis_gen_loss = np.mean(metrics[:,1])
        dis_aux_loss = np.mean(metrics[:,2])

        gen_loss = np.mean(metrics[:,5])
        gen_gen_loss = np.mean(metrics[:,6])
        gen_aux_loss = np.mean(metrics[:,7])

        print("component      \t loss \t generation_loss \t auxiliary_loss")
        print("-"*60)
        print(f"generator     \t{dis_loss:.4f} \t{dis_gen_loss:.4f} \t{dis_aux_loss:.4f}")
        print(f"discriminator \t{gen_loss:.4f} \t{gen_gen_loss:.4f} \t{gen_aux_loss:.4f}")

    return training_samples

# 开始训练
sample_images_list = train_acgan(epochs=20)
```

从可视化的训练过程可以发现，第 5 轮训练后就可以生成质量还可以的图像（见图 14-3）。随着训练轮次的增加，生成的图像的质量越来越高。在经过 20 轮训练后，就可以生成质量很不错的图像（见图 14-4）。

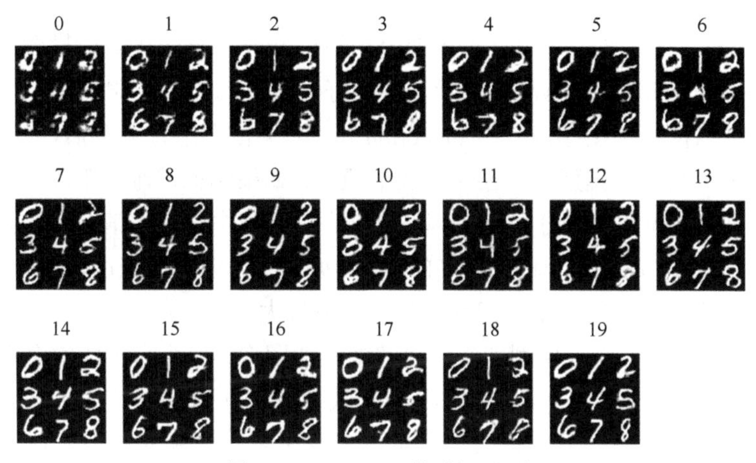

图 14-3 ACGAN 训练过程可视化

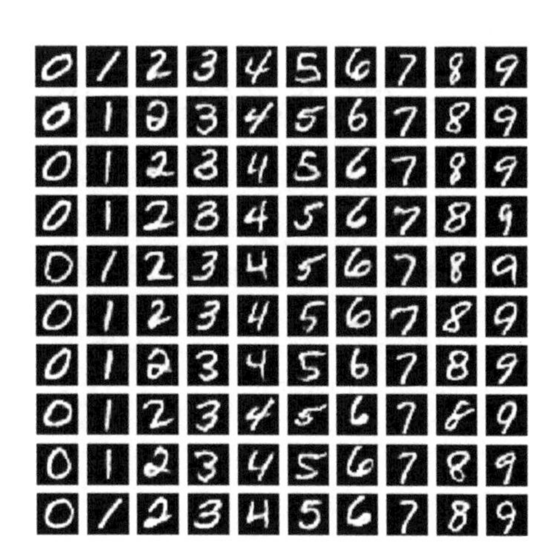

图 14-4 ACGAN 训练 20 轮后的结果

14.5 GAN 的评估

GAN 的评估一直是一个难题，因为缺乏一个明确的、在可比较概率模型中常用的似然方程。因此，前期的 GAN 只用了主观视觉评价，但这种评价明显存在太多的问题。值得高兴的是，在 2016 年以后，有了很多 GAN 的评估方案。目前比较流行的评估方案是 2016 年提出的 Inception Score 和 2017 年提出的 Fréchet Inception 距离。

14.5.1　Inception Score

Inception Score（IS）通过利用谷歌图像分类模型 Inception Net 来衡量模型生成图像的**清晰度**和**多样性**。Inception Score 越高，表示模型越好。具体的衡量逻辑如下。

- 清晰度：当把一张图像输入到 Inception Net 分类模型进行分类后，模型输出 1000 个维度的张量来表示模型属于某个分类的概率。如果图像清晰，那么某个类别的概率应该非常高，其他 999 个分类的概率非常低。如果图像模糊不清，那么会出现很多分类的概率差不多，没有一个概率很高的分类。如果用专业术语表达，就是熵$p(y|x)$很小。熵表示混乱度，均匀分布的混乱度最大，熵最大。
- 多样性：如果一个生成模型能生成足够多样的图像，那么它生成的图像的分布应该是均匀的。假设一个生成模型生成了 1000 张图像且有 10 个分类，那么每个分类有 100 张左右的图像。用专业术语表达：生成图像在所有类别的概率的边缘分布$p(y)$的熵很大。

Inception Score 的计算公式如下：

$$IS = \exp(\mathbb{E}_{x\sim p} D_{KL}(p(y|x)||p(y)))$$

使用 IS 评价 14.4 节的模型的代码如下。

```
from PIL import Image as PILImage
from tensorflow.keras.preprocessing import image as KImage

# 加载预训练的 Inception V3 模型和其数据预处理方法
inception_model = keras.applications.InceptionV3()
preprocess_input = keras.applications.inception_v3.preprocess_input

def resize_generated_images(images):
    """
    把生成的 28 像素*28 像素单通道图像转换成 299 像素*299 像素的 RGB 三通道图像
    Args:
        images: 需要转换的图像张量

    Returns:
        转换后图像的张量
    """
    resized_images = []
    for image_tensor in images:
        t_image = KImage.array_to_img(image_tensor).convert("RGB")
        t_image = t_image.resize(size=(299, 299), resample=PILImage.LANCZOS)
        resized_images.append(KImage.img_to_array(t_image))
```

```
    return np.array(resized_images)


def calculate_inception_score(generated_images):
    """
    使用生成图像计算 IS 分值
    Args:
        generated_images: 生成器生成图像

    Returns:
        IS 分值
    """
    target_images = resize_generated_images(generated_images)
    predicts = inception_model.predict(preprocess_input(target_images))
    p_y = np.mean(predicts, axis=0)    # p(y)
    e = predicts*np.log(predicts/p_y) # p(y|x)log(P(y|x)/P(y))
    e = np.sum(e, axis=1)              # KL(x) = Σ_y p(y|x)log(P(y|x)/P(y))
    e = np.mean(e, axis=0)
    return np.exp(e)

# 随机产生 5000 张图像，然后用生成图像计算 IS 分值
noise = np.random.normal(0, 1, (5000, 100))
sampled_labels = np.array([num for _ in range(500) for num in range(10)])
gen_images = generator.predict([noise, sampled_labels])
inception_score = calculate_inception_score(gen_images)
print(inception_score)
```

14.5.2 Fréchet Inception 距离

Fréchet Inception 距离（FID）通过对比真实样本和生成样本在 Inception V3 模型上的抽象特征的差异来评估生成样本和真实样本的差异。由于引入了真实数据的特征，因此 FID 能够更好地评估生成样本和真实样本的差异。FID 越小，表示模型越好。FID 的作者选择 Inception 网络全连接层前的 2048 维特征向量来表示图像特征。FID 的计算公式如下：

$$FID = ||\mu - \mu_w||^2 + \mathrm{tr}(\Sigma + \Sigma_w - 2(\Sigma\Sigma_w)^{1/2})$$

使用 FID 评价 14.4 节的模型的代码如下。

```
import scipy.linalg
# 准备特征提取模型
inception_model = keras.applications.InceptionV3()
inception4fid = keras.models.Model(inputs=model.input,
```

```
                                    outputs=model.get_layer("avg_pool").output)

def extract_features(images):
    """
    从特征提取模型提取特征
    Args:
        images: 目标图像
    Returns:
        目标特征
    """
    resized_images = resize_generated_images(images)
    h = inception4fid.predict(preprocess_input(resized_images))
    return h

def calculate_fid(image_true, image_gen):
    """
    计算 Fréchet Inception 距离
    Args:
        image_true: 真实图像
        image_gen: 生成图像

    Returns:
        FID 值
    """
    feature_1 = extract_features(image_true)
    feature_2 = extract_features(image_gen)

    mean1, sigma1 = feature_1.mean(axis=0), np.cov(feature_1, rowvar=False)
    mean2, sigma2 = feature_2.mean(axis=0), np.cov(feature_2, rowvar=False)
    sum_sq_diff = np.sum((mean1 - mean2)**2)
    cov_mean = scipy.linalg.sqrtm(sigma1.dot(sigma2))
    if np.iscomplexobj(cov_mean):
        cov_mean = cov_mean.real
    return sum_sq_diff + np.trace(sigma1 + sigma2 - 2.0*cov_mean)

# 随机产生 5000 张图像，然后用生成图像计算 IS 分值
noise = np.random.normal(0, 1, (5000, 100))
sampled_labels = np.array([num for _ in range(500) for num in range(10)])
gen_images = generator.predict([noise, sampled_labels])

(image_set, _), (_, _) = keras.datasets.mnist.load_data()
true_images = image_set[:500].reshape(-1, 28, 28, 1)
fid = calculate_fid(true_images, gen_images)
print(fid)
```

本章小结

在本章，我们介绍了 GAN 的原理，如何实现原始 GAN 和 ACGAN，以及两个常见的 GAN 评估指标。读者可以按照随书代码仓库中的 Keras-GAN，尝试实现深度卷积生成对抗网络（Deep Convolutional GAN，DCGAN）、像素到像素的生成对抗网络（Pix2Pix）或者其他变种。

第 15 章

强 化 学 习

在本章中，读者将通过强化学习框架 Gym，学习如何利用 Q-Learning 和 Deep Q Network 完成简单的强化学习任务。

本章要点：

- 强化学习的概念及基础内容；
- Q-Learning；
- Deep Q Network；
- 利用 TensorBoard 记录自定义指标。

注意：由于 TensorFlow 2.0.0 的一个内存泄漏问题会使 Deep Q Network 在训练过程中内存持续增长，从而导致内存崩溃，因此进行该实验时将其升级到了 TensorFlow 2.1.0。

15.1 强化学习概述

强化学习（Reinforcement Learning，RL）是机器学习的一个分支，它与监督学习、无监督学习是对应的。简单来说，强化学习就是通过一次次尝试某个行为，然后根据该行为的结果（环境反馈）来不断调整策略的学习方法。由于不需要人工处理中间数据，因此强化学习具有自主学习某项技能的潜力。2016 年，基于强化学习的 AlphaGo Zero 击败了基于人类经验的 AlphaGo Master；2019 年 1 月，AlphaStar 在《星际争霸 2》游戏比赛中以 10∶1 的比分击败了人类顶级职业选手；2019 年 4 月，OpenAI 在《DOTA2》的比赛中战胜了人类世界冠军。

15.1.1 基础内容

我们假设有一个场景——教会小狗坐下。由于狗听不懂我们的指令，没办法直接告诉它让它坐下，因此我们会使用零食激励的方法。当我们发出“坐”这个指令后，小狗会尝试作出反应。当小狗的反应就是我们想要的反应时，我们就给它一点零食；如果小狗作出了错误的反应，我们通过批评它，让它知道做错了。反复几次以后，小狗就学会了听从坐下的指令。

从广义上来说，强化学习的过程和上面的训狗过程一致。在强化学习中，有如下术语。

- **智能体**（agent）：与环境交互的个体叫作智能体，上述例子中的小狗就是智能体。
- **环境**（environment）：智能体所在的环境，如小狗所在的房间。
- **状态**（state）：环境和个体的状态，如小狗的姿势和我们发出的某个命令。
- **动作**（action）：智能体通过动作改变状态，如小狗蹲下或者趴下。
- **奖励**（reward）：当智能体按照我们预期响应时，给予奖励。
- **惩罚**（penalty）：当智能体没有按照我们预期响应时，给予惩罚。
- **策略**（policy）：状态到动作的映射，如小狗的思考过程。

强化学习强调智能体和环境的交互，通过环境的反馈不断优化策略，采取最佳决策来最大化奖励（见图 15-1）。强化学习的步骤可以归纳为以下几步：

（1）观察环境；

（2）使用某些策略选择一个动作，并且执行；

（3）接受环境的奖励或者惩罚；

（4）根据反馈不断调整和优化策略；

（5）持续学习，直到学到最优策略。

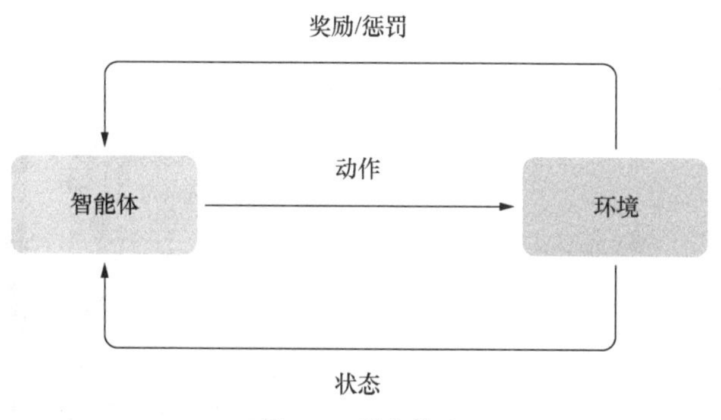

图 15-1　强化学习

强化学习的方法可以分为 Model-Based 和 Model-Free。简单来说，Model-Based 方法就是白盒模式，整个环境是已知的。智能体在采取行为之前就知道将会得到什么样的奖惩。而 Model-Free 方法则是黑盒模式，智能体并不了解环境，只能通过一次次尝试来学习环境反馈。常见的强化学习算法如图 15-2 所示。

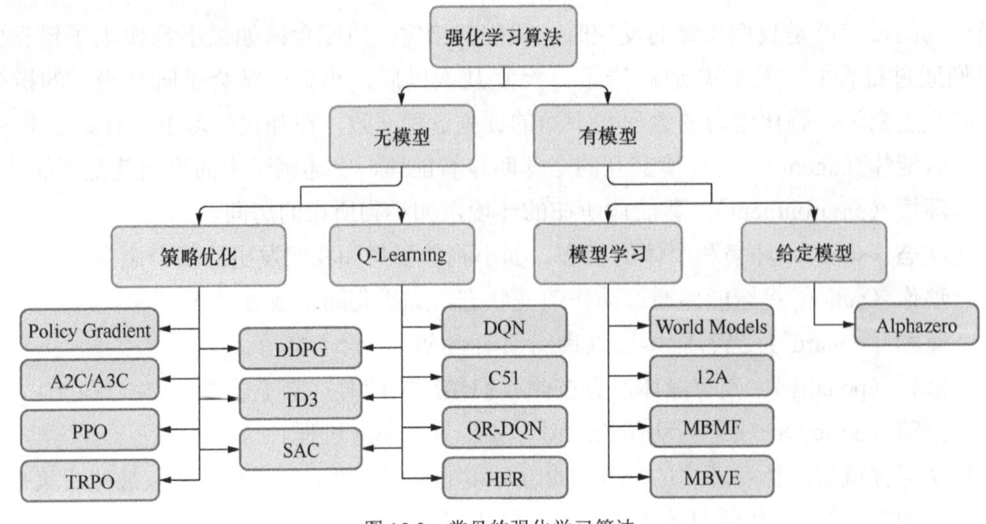

图 15-2　常见的强化学习算法

在介绍强化学习算法之前，我们先了解一下 OpenAI 开源的强化学习环境框架 Gym。

15.1.2　Gym 框架简介

在进行强化学习时，需要提前定义环境和智能体，这样才能实验。Gym 框架是 OpenAI 开源的强化学习环境框架，内置了很多预先定义好的环境，方便快速进行实验（见图 15-3）。

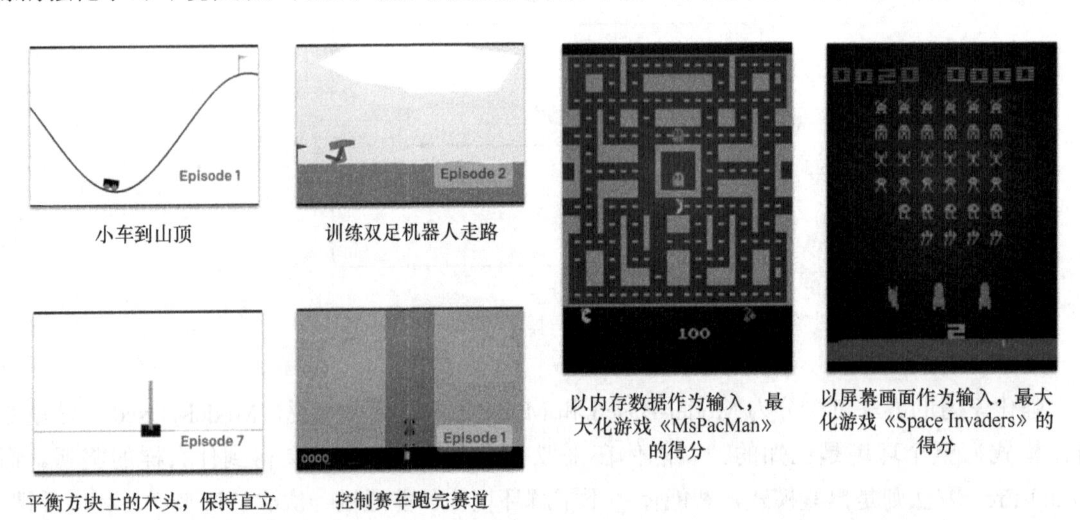

图 15-3　Gym 内置的环境

Gym 框架的安装非常简单，只需要在终端执行以下命令。

```
pip install gym
```

使用 Gym 加载环境和可视化非常方便，代码如下。

```
import gym

# 初始化 Taxi-v3 环境
env = gym.make("Taxi-v3")
# 渲染环境当前的状态
# 注意，不同的环境会有不同的渲染模式。Taxi-v3 环境默认以字符串形式进行渲染
env.render()
# 输出如下
# +---------+
# |R: | : :G|
# | : : : : |
# | : : : : |
# | | : █| : |
# |Y| : |B: |
# +---------+
```

Gym 框架的核心是 env 对象，它可以通过调用 gym.make()方法初始化不同的环境对象。env 对象有以下 3 个关键方法。

- env.reset()：将环境重置为一个随机的初始环境，并且返回重置后的环境状态。
- env.step(action)：在环境中采取一步动作，并且返回以下元素。
  - **observation**，智能体观察到的环境。
  - **reward**，环境对动作的奖励或者惩罚。
  - **done**，当前一轮（episode）游戏是否结束，对于不同的环境，结束的条件不一样。例如，在《Taxi》游戏中，当玩家成功接到乘客并且送到目的地时，就认为一轮交互结束。
  - **info**，其他附加信息字典，如置信度等 debug 信息。
- env.render()：可视化环境当前的状态，有多重可视化模型。

除上面介绍的 3 个关键方法以外，还有以下两个关键属性，它们分别表示动作空间和观察空间。

- env.action_space（动作空间）：Taxi-v3 环境中的动作空间为 Discrete(6)。
- env.observation_space（观察空间）：Taxi-v3 环境中的观察空间为 Discrete(500)。

Gym 框架中的空间（space）可以分为两种类型：Discrete 类型和 Box 类型。Discrete 表示独立的几个元素，例如 Discrete(6)表示包含动作{0,1,2,3,4,5}。Box 是一个 n 维对象，Box(4)表示返回一个 4 个维度的张量。

Taxi-v3 环境设定为：玩家的任务是在停车场内接送乘客（见图 15-4）；停车场内有 4 个地

点可以用于乘客上车和下车，分别是 R、G、Y、B；在成功接上乘客并且送达目的地后，可以得到 20 分的奖励，每移动一个格子扣除 1 分；当“非法”移动时，如撞上草坪、开到地图外，或者在不正确的地方让乘客上车或者下车，都会扣 10 分。

Taxi-v3 环境中包含 6 个可选动作，分别是上下左右移动、接乘客上车和让乘客下车。环境状态总共有 500 种可能，包括 5×5 个车的位置，5×4 个乘客的位置。

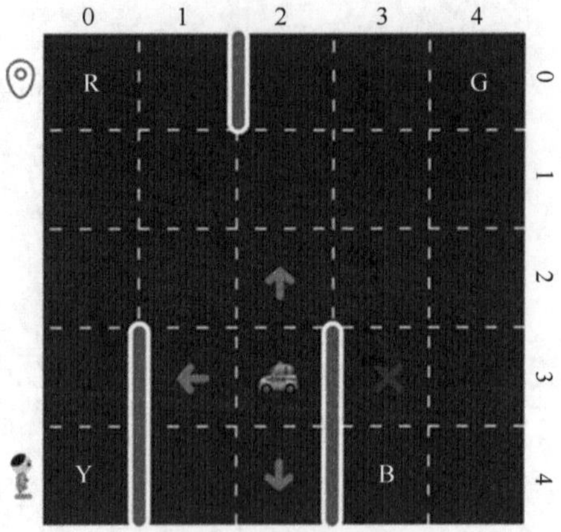

图 15-4 《Taxi》游戏可视化

15.1.3 随机动作策略

我们首先使用随机动作策略运行该实验，观察到底多少轮后能够完成这个任务，代码如下。

```
import gym
import tqdm
import random
import numpy as np
# seaborn 是 Matplotlib 框架的高级封装，可以使用它很方便地绘制一些常见图像
# 如果没有安装它，就需要在终端通过 pip 命令安装
import seaborn as sns
import matplotlib.pyplot as plt
from IPython.display import clear_output
from time import sleep
plt.rcParams['figure.dpi'] = 180

# 此处使用了环境对象里的 env 对象，因为 make()方法返回的 env 对象有最多尝试次数的限制
# 即尝试 200 次后自动判别为结束。在此实验中，我们不需要这个限制
env = gym.make("Taxi-v3").env

def test_random_action_policy(episodes=100):
    episode_steps = []
    episode_frames = []
    for _ in range(episodes):
        observation = env.reset()
        done = False
        step = 0
        frames = []
        while not done:
            # 随机返回一个动作
            action = env.action_space.sample()
            observation, reward, done, info = env.step(action)
```

```
            # 保存过程信息，用于可视化
            frames.append({
                'frame': env.render(mode='ansi'),
                'state': observation,
                'action': action,
                'reward': reward
            })

            step += 1
        episode_frames.append(frames)
        episode_steps.append(step)
    return episode_steps, episode_frames

# 记录解决问题所用的步数，并且可视化
episode_steps, episode_frames = test_random_action_policy()
sns.distplot(episode_steps)
plt.title("Steps with random action policy")
print(f"Average steps: {sum(episode_steps)/len(episode_steps)}")
# Average steps: 2391.02
```

随机动作策略需要的步数平均为 2391，最高甚至需要 8000 步才能解决相关问题。可视化随机动作策略需要的步数的分布直方图如图 15-5 所示。

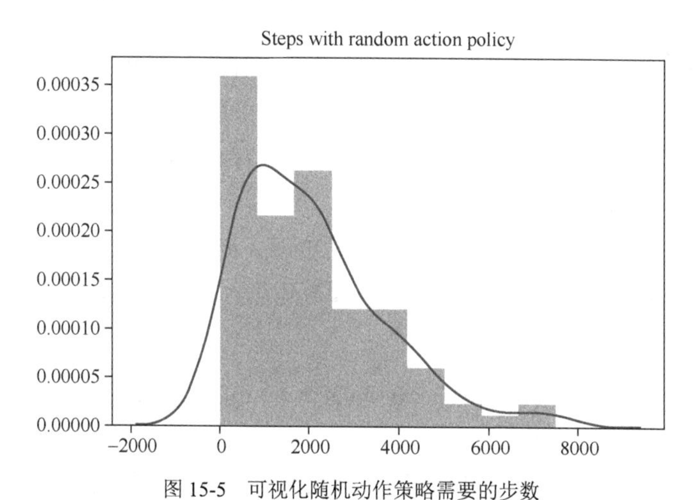

图 15-5　可视化随机动作策略需要的步数

接下来，我们定义一个过程的可视化方法，把上面记录的过程用动画形式展示，方便我们了解智能体在游戏中的动作。

```
def animate_frames(frames):
    for i, frame in enumerate(frames):
        clear_output(wait=True)
```

```
        print(frame['frame'])
        print(f"Time Step: {i + 1}")
        print(f"State: {frame['state']}")
        print(f"Action: {frame['action']}")
        print(f"Reward: {frame['reward']}")
        sleep(.1)
# 随机选择一个结果并进行播放
animate_frames(random.choice(episode_frames))
```

15.2 Q-Learning

15.2.1 Q-Learning 简介

Q-Learning 中的 Q 是指**动作价值函数**（action-value function），其能够评价某个状态下采取某个动作的优劣。在状态与动作的组合有限的问题中，我们可以用一张表来表示 Q 函数，这个表叫作 Q 表。Q 表中包含了状态、动作和该状态价值的概率。我们使用全 0 初始化 Q 表，然后根据每一次动作反馈不断更新 Q 表。更新公式称为**价值函数**（value function），公式如下。

$$Q(state, action) = (1-\alpha)Q(state, action) + \alpha(reward + \gamma \max_{\alpha} Q(next\_state, all\_actions))$$

公式中的部分项的说明如下。

- α是学习率，取值范围为 0～1。它表示新知识对于 Q 值更新的影响比例。
- γ是历史经验的权重，取值范围为 0～1。值越接近 1，表示模型越注重长期回报，越接近 0，表示模型越注重短期回报；如果设定为 0，那么模型只学习本次回报，摒弃之前的历史回报经验。

下面我们举个例子。假设我们用全 0 初始化了 Q 表，$\alpha = 0.4$，$\gamma = 0.8$。经过第一步移动，可以发现，在状态 218 时，如果向上移动，那么会被扣 1 分，状态变更为 217。那么，根据公式可以得到：

$$\begin{aligned} Q[218,1] &= (1-0.4)\times 0 + 0.4 \times (-1 + 0.8 \times \max(Q[217])) \\ &= 0.4 \end{aligned}$$

经过足够多次重复以后，我们可以算每一个状态下每一个动作价值的概率（见图 15-6）。因此，Q-Learning 过程可以总结为以下步骤：

（1）初始化一个全 0 的 Q 表；

（2）根据当前状态S选择一个动作a_t，在探索阶段，可以有一定比例的随机选择来探索更多的可能性。

（3）获得本次的收益r和下一个状态，然后通过动作a将状态S转换为状态S'。

（4）使用上述价值函数更新 Q 表的值。

（5）不断重复步骤（2）～（4），尽可能完善 Q 表。

初始化Q表

Q表		动作					
		下（0）	上（1）	右（2）	左（3）	上车（4）	下车（5）
状态	0	0	0	0	0	0	0
	⋮	⋮	⋮	⋮	⋮	⋮	⋮
	330	0	0	0	0	0	0
	⋮	⋮	⋮	⋮	⋮	⋮	⋮
	499	0	0	0	0	0	0

训练

Q表		动作					
		下（0）	上（1）	右（2）	左（3）	上车（4）	下车（5）
状态	0	−2.132141	−1.4123	1.3123	0.432451	−1.312321	3.123123
	⋮	⋮	⋮	⋮	⋮	⋮	⋮
	330	32.54354	12.432432	6.24142	1.44313	3.134213	7.3424123
	⋮	⋮	⋮	⋮	⋮	⋮	⋮
	499	9.312345	2.345555	3.124566	2.12354	2.3144132	1.3213123

图 15-6 Q 表

当重复足够多次，探索足够多的可能性后，我们可以得到一个比较完善的 Q 表。此 Q 表包含每一种情况下的最优动作选择。在训练过程中，我们并不会每一次都根据 Q 表来选择动作，而是有一定程度的随机选择。这样既可以避免过拟合，又可以探索更多的可能性。在训练完成后的预测过程中，我们完全基于 Q 表进行选择，并且不再更新 Q 表。

15.2.2 Q-Learning 的实现

下面我们根据 15.2.1 节提到的 Q-Learning 步骤实现基于 Q-Learning 的强化学习方案。

```
def q_learning_action_policy(alpha = 0.1,
                             gamma = 0.6,
                             random_action_rate = 0.15,
                             episodes=100000):
    q_table = np.zeros([env.observation_space.n, env.action_space.n])
    episode_steps = []
    episode_frames = []

    for episode in tqdm.trange(episodes):
```

```
        observation = env.reset()

        done, step, frames = False, 0, []

        while not done:
            # 按一定比例采取随机动作，用于探索环境
            if random.uniform(0, 1) < random_action_rate:
                action = env.action_space.sample()
            else:
                action = np.argmax(q_table[observation])

            # 执行动作，获取环境状态、奖励、是否完成等信息
            next_observation, reward, done, info = env.step(action)

            # 使用价值函数更新 Q 表
            old_value = q_table[observation, action]
            next_max = np.max(q_table[next_observation])

            new_value = (1 - alpha) * old_value + alpha * (reward + gamma * next_max)
            q_table[observation, action] = new_value

            frames.append({
                'frame': env.render(mode='ansi'),
                'state': observation,
                'action': action,
                'reward': reward
            })

            observation = next_observation
            step += 1
        episode_steps.append(step)
        episode_frames.append(frames)
    return q_table, episode_steps, episode_frames

q_table, episode_steps, episode_frames = q_learning_action_policy()
sns.distplot(episode_steps)
plt.title("Steps with Q-Learning policy")
print(f"Average steps: {sum(episode_steps)/len(episode_steps)}")
# Average steps: 16.21312
```

在 q_learning_action_policy()中，定义了几个超参数。

- **alpha**：学习率，新知识能够影响 Q 表更新的比例。
- **gamma**：下一步可能的奖励影响当前策略的占比。

- **random_action_rate**：采取随机动作的比例。由于训练过程中 Q 表还没有完善，因此需要通过一定的随机动作来探索更多的可能性。
- **episodes**：训练轮次。该任务有 500 种状态，6 种动作类型。假设 random_action_rate = 0.1，那么至少需要 500×6×10 = 30000 次尝试才能遍历所有的可能性。因此，其需要更多的轮次来学习有效知识，默认设定为 100000 次。

经过 100000 次的学习，我们可以看到平均 16 步即可完成，效果非常明显。不过，在学习过程中，有 10%的概率不选择最优解而是随机选择一个动作。现在，既然已经完成学习了，那么尝试去掉这一步后再测试。其实现代码如下。

```
def test_q_learning_policy(q_table,
                           episodes=200):
    episode_steps = []
    episode_frames = []
    for episode in range(episodes):
        observation = env.reset()
        done = False
        step = 0
        frames = []
        while not done:
            # 完全按照 Q 表选择下一步的动作
            action = np.argmax(q_table[observation])
            observation, reward, done, info = env.step(action)
            frames.append({
                'frame': env.render(mode='ansi'),
                'state': observation,
                'action': action,
                'reward': reward
            })
            step += 1
            # 测试时添加这一条件的目的是为了防止之前的训练没有做好的情况下出现“死”循环
            # 例如，如果一直选择往上走，又没有随机动作，那么会出现“死”循环，一直不结束
            if step > 2000:
                break
        episode_frames.append(frames)
        episode_steps.append(step)
    return episode_steps, episode_frames

episode_steps, episode_frames = test_q_learning_policy(q_table)
sns.distplot(episode_steps)
plt.title("Steps with Q-Learning policy")
print(f"Average steps: {sum(episode_steps)/len(episode_steps)}")
# Average steps: 12.585
```

如果一直采取最优解，那么平均12.5步可以解决。到目前为止，通过Q-Learning完整地学习了这个游戏中的所有状态和所有动作的概率，从而确保每一次都能选择最优选项。现在，我们可以尝试再次使用在15.1.3节中定义的可视化方法animate_frames()来回放游戏过程。

虽然前面的训练过程中的3个超参数alpha、gamma和random_action_rate也能训练成功，但是其实有更好的设定方法。这3个超参数可以一开始设定得比较大，然后根据训练过程逐渐变小。这样模型一开始就能更快地探索和学习，后期随着学到的知识越来越多，就需要更加关注长期积累的知识。

Q-Learning是一个简单的强化学习方案，但是，当特征空间和动作空间很大的时候，Q表就会发生维度“爆炸”，没办法通过遍历所有可能性的方式进行训练。

15.3 Deep Q-Learning

在谷歌的DeepMind团队于2013年发布的论文*Playing Atari with Deep Reinforcement Learning*中，提出了一个新的算法——Deep Q Network（DQN）。DQN也称为Deep Q-Learning。Deep Q-Learning使用一个模型来替代Q-Learning中的Q函数，在不依赖Q表的情况下，预测下一个最优动作。

接下来，我们通过另一个小游戏来学习DQN。

15.3.1 Lunar Lander v2

《Lunar Lander v2》是Gym中一个比较简单且有意思的游戏。在该游戏中，我们通过控制推进器让飞行器安全降落。通过推进器可以使用主引擎向上推进，使用左引擎向右推进，使用右引擎向左推进，或者什么都不做。传感器能够检测到的环境数据包括水平和垂直位置，水平和垂直加速度，角度和角速度，以及左右脚架是否触地。飞行器将从画面顶部开始以任意速度开始运动，目标降落位置一直在画面正中心的坐标(0, 0)位置。从起始点到降落点平滑运动，可以根据运动轨迹获得100～140分。正确降落或者坠毁，游戏结束。正确降落奖励100分，坠毁扣除100分。脚架触地奖励10分。每次使用主引擎扣除0.3分，使用左、右引擎各扣除0.03分。连续100次模拟且平均分超过200分算是训练结束。

下面我们探讨如何解决云端渲染问题。

通常，在本地机器运行Gym框架，能够正常渲染，但是，如果在服务器/云Jupyter环境运行Gym，就很有可能遇到NoSuchDisplayException异常。这是因为服务器通常不会配备显示器，但是Gym框架渲染时需要调用显示器。此时，我们可以利用PyVirtualDisplay框架虚拟一个显示器来运行Gym框架。

虚拟显示器只能在服务器没有显示器的情况下进行配置，环境配置将会出错。

首先安装 PyVirtualDisplay 和需要的依赖项。

```
!apt-get install -y xvfb
!pip install pyvirtualdisplay
!pip install Pillow
```

安装完成后，启动虚拟显示器。

```
from pyvirtualdisplay import Display
display = Display(visible=0, size=(1400, 900))
display.start()
```

虚拟显示器启动完成后，就可以正常运行 Gym 框架了。但是，由于在网页中没办法弹出渲染窗口，因此看不到画面。我们可以获取画面 RGB 像素数组，转换成图像，并在 Jupyter Cell 中展示以实现可视化。

15.3.2 随机动作 Agent

我们先通过一个随机动作 Agent 解决 Lunar Lander 问题，同时也测试一下可视化方案。实现代码如下。

```
import gym
import time
import numpy as np
from IPython import display
from PIL import Image

class RandomAgent:
    def __init__(self, env_name: str):
        self.env = gym.make(env_name)
        self.action_count = self.env.action_space.n

    def choose_action(self, state):
        return np.random.randint(self.action_count)

    def simulate(self):
        state = self.env.reset()
        is_done = False
        total_score = 0

        while not is_done:
            action = self.choose_action(state)
            # 执行动作
```

```
            observation, reward, is_done, info = self.env.step(action)
            # 记录总分
            total_score += reward
            # 清除当前 Cell 的输出
            display.clear_output(wait=True)
            # 渲染画面，得到画面的 RGB 像素数组
            rgb_array = self.env.render(mode='rgb_array')
            # 使用 RGB 像素数组生成图片
            img = Image.fromarray(rgb_array)
            # 在当前 Cell 中展示图片
            display.display(img)
            print(f'Action {action} Action reward {reward:.2f} | Total score {total_score:.2f}')
            # 防止刷新过快
            time.sleep(0.01)
        self.env.close()
        return total_score

# 使用 Lunar Lander 初始化随机动作 Agent
agent = RandomAgent('LunarLander-v2')
# 模拟 1 轮
episode_score = agent.simulate()
print('Episode score: {episode_score}')
```

除可以实时可视化游戏过程以外，我们还可以记录中间状态并且可视化（见图 15-7）。重复模拟几轮，可以看到，利用随机动作 Agent 飞行，基本上每一次会坠毁。

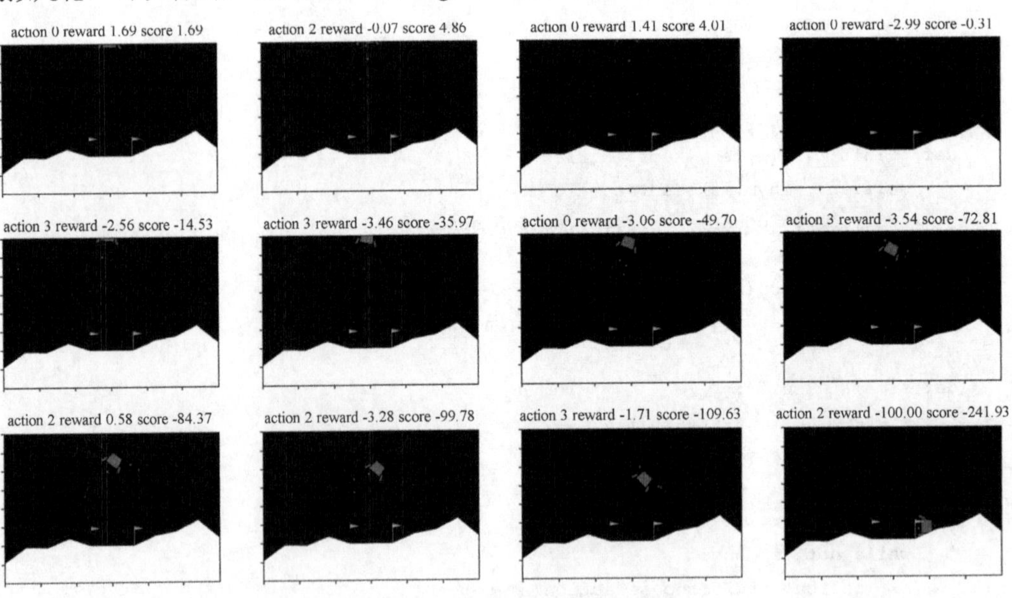

图 15-7 Lunar Lander 随机动作 Agent 可视化

15.3.3 DQN 的训练

DQN 算法的核心是使用一个模型作为 Q 函数。这个模型输入当前状态，输出每一个动作的 Q 值。由于模型和 Q 表有一样的输入和输出，因此使用模型替代 Q 表很好理解。然而，如何训练这个模型是一个问题。在讲解训练过程之前，我们先介绍一下**经验池**（experience pool）和**经验回放**（experience replay）。

1. 经验池和经验回放

经验池是一个能存储智能体的动作和环境的响应，方便训练时复用的容器。通过随机从经验池取出 n 个样本组成一个批次来训练 DQN 模型的过程叫作经验回放。经验池需要实现存储和随机取样方法，实现代码如下。

```
import random
import numpy as np
from collections import namedtuple

# Experience 表示每一个样本的 namedtuple，方便存储和读取数据
Experience = namedtuple('Experience', ('state', 'action',
                                       'reward', 'next_state', 'done'))

class ReplayMemory:

    def __init__(self, max_size):
        self.max_size = max_size
        self.memory = []

    def append(self, state, action, reward, next_state, done):
        """记录一个新的样本"""
        sample = Experience(state, action, reward, next_state, done)
        self.memory.append(sample)
        # 只留下最新记录的 self.max_size 个样本
        self.memory = self.memory[-self.max_size:]

    def sample(self, batch_size):
        """按照给定批次取样"""
        samples = random.sample(self.memory, batch_size)
        batch = Experience(*zip(*samples))

        # 转换数据为 NumPy 张量并返回
        states = np.array(batch.state)
```

```
        actions = np.array(batch.action)
        rewards = np.array(batch.reward)
        states_next = np.array(batch.next_state)
        dones = np.array(batch.done)

        return states, actions, rewards, states_next, dones

    def __len__(self):
        return len(self.memory)
```

2. DQN 训练的过程

实际上，DQN 的训练过程就是训练出最合适的动作价值函数。在给定一个批次的动作、环境响应样本的情况下，训练逻辑如下。

（1）使用批次中的状态S作为输入获取动作价值张量$(action, value)$，即$Q(state)$。

（2）使用批次中的新状态S'作为输入获得下一步可能获得的最大回报$\max_a Q(next_state, all_actions)$。如果下一个状态为游戏结束，则设置下一个状态的最大回报为 0。

（3）使用经验中包含的动作$action$、真实回报$reward$和下一步获取的最大回报，计算新的动作回报$Q(state, action)$。计算公式如下所示。

$$action\_value = reward + \gamma \times \max_a Q(next\_state, all\_actions)$$

（4）由于经验只包含部分的$action_value$值，因此使用这部分数据更新第一步获得的动作价值张量$(action, value)$的对应值。

（5）使用状态张量和更新后的动作价值张量$(action, value)$作为模型的输入/输出，训练模型。

训练过程的实现代码如下。

```
def replay():
    # 读取一个批次的样本
    states, actions, rewards, states_next, done_list = self.memory.sample(self.batch_size)
    # 计算动作价值张量
    q_pred = self.model.predict(states)

    # 计算下一步可以获取的最大回报
    q_next = np.max(self.model.predict(states_next), axis=1)
    # 计算新的 action_value
    q_update = rewards + GAMMA * q_next  * (1 - dones)

    # 更新动作价值张量中对应动作的 action_value
    indices = np.arange(self.batch_size)
    q_pred[[indices], [actions]] = q_update
```

```
    # 使用状态和新的动作价值张量训练模型
    self.model.train_on_batch(states, q_pred)
```

3. 模型初始化

由于当前的问题难度不大，因此我们使用一个简单的全连接模型。创建模型的方法如下。

```
import tensorflow as tf

L = tf.keras.layers

def create_network_model(input_shape: np.ndarray,
                         action_space: np.ndarray,
                         learning_rate=0.001) -> tf.keras.Sequential:
    model = tf.keras.Sequential([
        L.Dense(512, input_shape=input_shape, activation="relu"),
        L.Dense(256, input_shape=input_shape, activation="relu"),
        L.Dense(action_space)
    ])
    model.compile(loss="mse", optimizer=tf.optimizers.Adam(lr=learning_rate))
    return model
```

训练过程如下：

（1）初始化模型、经验池；

（2）根据当前状态 S 选择一个动作 a_t，在探索阶段，可以一定比例随机选择来探索更多的可能性；

（3）记录状态、动作、回报、下一个状态和是否完成到经验池；

（4）每 n 步进行一次经验回放，训练模型；

（5）更新探索比例参数 epsilon；

（6）重复步骤（2）～（5），不断优化模型。

完整的代码如下。

```
from IPython import display
from PIL import Image

# 定义超参数
LEARNING_RATE = 0.001
GAMMA = 0.99
EPSILON_DECAY = 0.995
EPSILON_MIN = 0.01
```

```
class DQNAgent:
    def __init__(self, env_name):
        self.env = gym.make(env_name)
        self.observation_shape = self.env.observation_space.shape
        self.action_count = self.env.action_space.n
        self.model = create_network_model(self.observation_shape, self.action_count)
        self.memory = ReplayMemory(500000)
        self.epsilon = 1.0
        self.batch_size = 64

    def choose_action(self, state, epsilon=None):
        """
        根据给定状态选择动作
        - epsilon == 0，完全使用模型选择动作
        - epsilon == 1，完全随机选择动作
        """
        if epsilon is None:
            epsilon = self.epsilon
        if np.random.rand()< epsilon:
            return np.random.randint(self.action_count)
        else:
            q_values = self.model.predict(np.expand_dims(state, axis=0))
            return np.argmax(q_values[0])

    def replay(self):
        """进行经验回放学习"""

        # 如果当前经验池中的经验数量少于批次，则跳过
        if len(self.memory) < self.batch_size:
            return

        states, actions, rewards, states_next, dones = self.memory.sample(self.batch_size)
        q_pred = self.model.predict(states)

        q_next = np.max(self.model.predict(states_next), axis=1)
        q_update = rewards + GAMMA * q_next  * (1 - dones)

        indices = np.arange(self.batch_size)
        q_pred[[indices], [actions]] = q_update

        self.model.train_on_batch(states, q_pred)

    def simulate(self, epsilon=None):
```

```
        """可视化模型训练的一个轮次"""
        state = self.env.reset()
        is_done = False
        score = 0
        while not is_done:
            action = self.choose_action(state, epsilon=epsilon)
            state, reward, is_done, _ = self.env.step(action)
            score += reward
            display.clear_output(wait=True)
            rgb_array = self.env.render(mode='rgb_array')
            img = Image.fromarray(rgb_array)
            # 在当前 Cell 中展示图片
            display.display(img)
            print(f'Action {action} Score {score} Reward {reward}')

    def train(self, episode_count: int, log_dir: str):
        """
        训练方法，按照给定轮次进行训练，并将训练过程的关键参数记录到 TensorBoard
        """
        # 初始化一个 TensorBoard 记录器
        file_writer = tf.summary.create_file_writer(log_dir)
        file_writer.set_as_default()

        score_list = []
        best_avg_score = -np.inf

        for episode_index in range(episode_count):
            state = self.env.reset()
            score, step = 0, 0
            is_done = False
            while not is_done:
                # 根据状态选择一个动作
                action = self.choose_action(state)
                # 执行动作，并将动作和结果记录到经验池
                state_next, reward, is_done, info = self.env.step(action)
                self.memory.append(state, action, reward, state_next, is_done)
                score += reward

                state = state_next
                # 每 6 步进行一次回放训练
                # 此处也可以选择每一步回放训练，但这样会降低训练速度，这是一个经验技巧
                if step % 6 == 0:
                    self.replay()
```

```
                step += 1

            # 记录当前轮次的得分，计算最后 100 个轮次的平均得分
            score_list.append(score)
            avg_score = np.mean(score_list[-100:])

            # 将当前轮次的得分、epsilon 和最后 100 个轮次的平均得分记录到 TensorBoard
            tf.summary.scalar('score', data=score, step=episode_index)
            tf.summary.scalar('average score', data=avg_score, step=episode_index)
            tf.summary.scalar('epsilon', data=self.epsilon, step=episode_index)

            # 在终端输出训练进度
            print(f'Episode: {episode_index} Reward: {score:03.2f} '
                  f'Average Reward: {avg_score:03.2f} Epsilon: {self.epsilon:.3f}')

            # 调整 epsilon 值，逐渐减少随机探索的比例
            if self.epsilon > EPSILON_MIN:
                self.epsilon *= EPSILON_DECAY

            # 如果当前的平均得分比之前有所改善，则保存模型
            if avg_score > best_avg_score:
                best_avg_score = avg_score
                self.model.save('outputs/chapter-15/dqn_best.h5')
```

在定义好 DQN Agent 后，我们训练 700 个轮次。在双核 CPU 的环境下，训练大概需要两个半小时。训练的实现代码如下。

```
import glob

# 使用 Lunar Lander 初始化 Agent
agent = DQNAgent('LunarLander-v2')

# 读取现在已经记录的日志数量，避免日志重复记录
tf_log_index = len(glob.glob('tf_dir/lunar_lander/run_*'))
log_dir = f'tf_dir/lunar_lander/run_{tf_log_index}'

# 训练 700 个轮次
agent.train(700, log_dir)
```

在训练完成后，我们通过 TensorBoard 可以看到，在第 500 个轮次就可以达到平均 200 分（见图 15-8）。在训练后，我们还可以通过调用 agent.simulate()方法看到模型的表现（见图 15-9）。

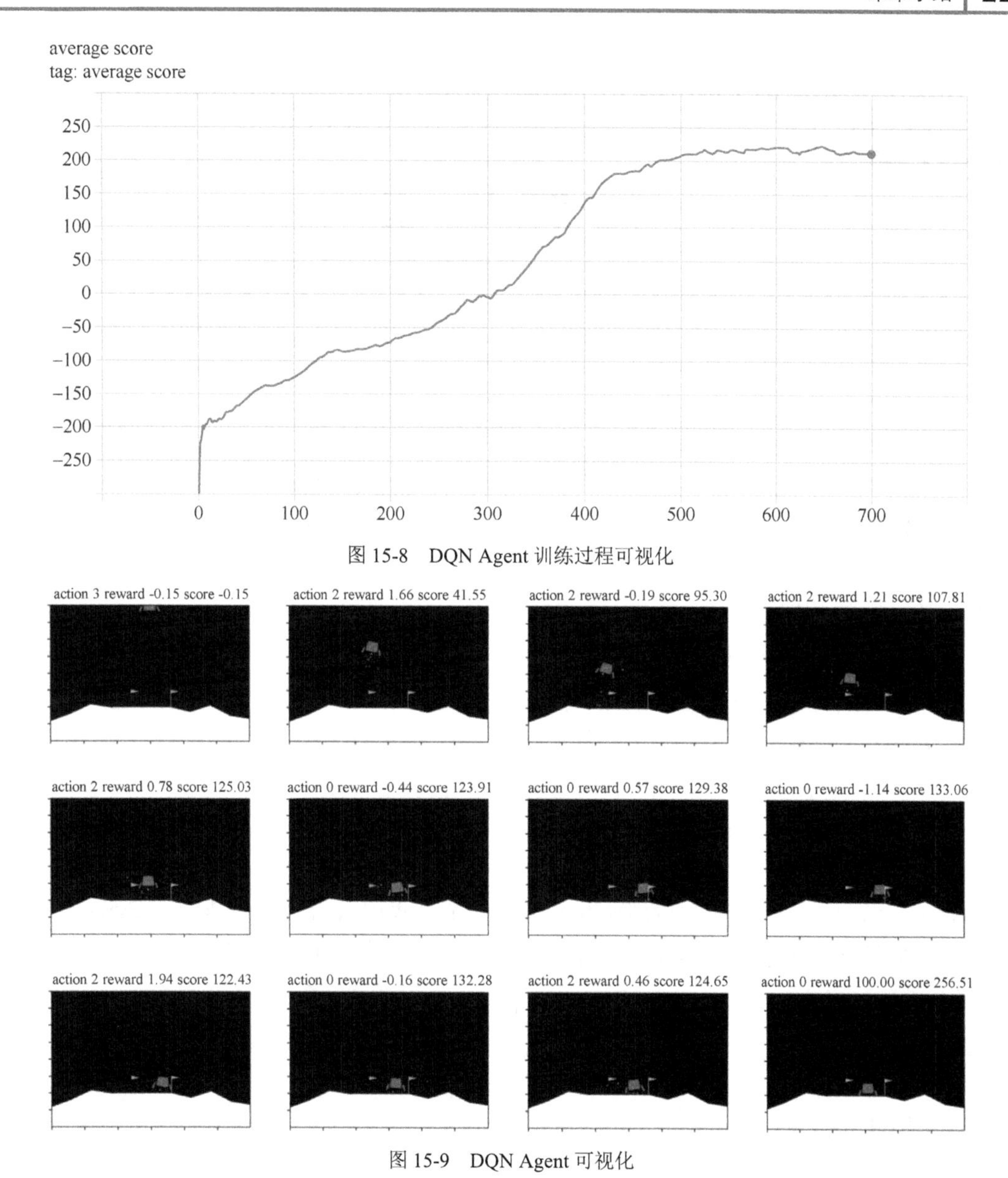

图 15-8 DQN Agent 训练过程可视化

图 15-9 DQN Agent 可视化

本章小结

在本章，我们学习了 Gym 框架、Q-Learning 和 DQN。读者可以尝试使用 Q-Learning 和 DQN 实现 Gym 框架提供的环境，作者建议读者尝试实现 Atari 游戏环境。此外，读者也可以按照随书代码仓库中的资料，实现一些更复杂的强化学习模型。

第 16 章

部署模型

在本章中，读者将学习如何在服务器上部署训练好的模型。我们首先了解如何直接用 Flask 提供业务 API，然后学习如何使用 TensorFlow Serving 模块提供 REST 接口。

为了更好地学习本章内容，我们需要提前掌握以下知识，如果读者之前没有接触过这些知识，那么可以先阅读随书代码仓库中列出的参考资料：

- Ubuntu 的基础操作；
- Python IDE 的基础操作；
- HTTP 的基础请求；
- Docker 的基础操作。

16.1 使用 Flask 部署

Flask 是一个小巧且容易上手的 Python Web 框架。我们只需要掌握基础的 Python 知识就可以开发一个 Web 应用。安装 Flask 非常简单，与其他框架一样，在终端通过 pip 命令安装即可。

```
pip install flask
```

16.1.1 Flask 入门

下面是一个简单的 Flask API 应用的实现代码，我们把它保存到 hello.py 文件中。

```
from flask import Flask
app = Flask(__name__)

@app.route("/")
def hello():
    return "Hello World!"
```

```
if __name__ == "__main__":
    app.run(host='0.0.0.0', port=5000)
```

接下来，我们在终端执行以下命令来启动这个 API。

```
python hello.py
```

现在，API 项目已经启动，我们使用浏览器访问 http://0.0.0.0:5000/就可以看到“Hello World”这个响应。下面我们分析一下上面的代码。

（1）首先引入 Flask 类，然后使用模块名称初始化 Flask 类的实例。

（2）使用 app.route 装饰器为 hello()方法增加触发器，当用户请求“0.0.0.0:5000/”路径时，调用 hello()方法，并返回结果。

（3）直接调用该方法，即__name__ == "__main__"，启动这个 App。host 参数设定为 0.0.0.0，这样其他的机器也可以通过 IP 地址访问该 API，port 参数指定 API 端口为 5000。

接下来，我们再定义一个接口方法来接收传递的参数。相关代码如下，保存到 api.py 文件中。

```
from flask import Flask, request
app = Flask(__name__)

@app.route("/hello", methods=['POST'])
def hello():
    data = request.json
    name = data['name']
    return f"Hello, {name}!"

if __name__ == "__main__":
    app.run(host='0.0.0.0', port=5000)
```

接下来，我们在终端调用该接口，传递 JSON 参数{"name": "John"}，可以得到响应“Hello, John!”。在终端执行的代码如下。

```
curl -H "Content-Type:application/json" -X POST -d '{"name": "John"}' -X POST http://
localhost:5000/hello
```

此时，我们的 API 已经可以接收参数，传递到函数，并且返回数据了。

16.1.2 利用 Flask 部署图像分类模型

我们使用 Flask 部署 8.2.4 节中保存的图像分类模型，可以分为以下几个步骤。

（1）初始化 Flask 实例。

（2）初始化模型实例，加载标签索引。

（3）定义预测方法。预测方法接收一个图像文件作为输入，对输入图像进行预处理，然后使用模型预测。

（4）对结果格式化并且返回。

整个过程其实没有什么难点。实现代码如下，保存到 image_classification.py 文件中。

```
import os
import json
import tensorflow as tf
from flask import Flask, request, jsonify
from tensorflow.keras.models import load_model
from tensorflow.keras.preprocessing.image import load_img, img_to_array

app = Flask(__name__)
app.config['JSON_SORT_KEYS'] = False
print(tf.__version__)

# 根据你的使用环境，模型位置可能不太一致，需要确保这个路径正确
MODEL_FOLDER = '/home/tf2.0_code/outputs/flower_recognizer/vgg16/'

model = load_model(os.path.join(MODEL_FOLDER, 'model.h5'))

with open(os.path.join(MODEL_FOLDER, 'label2idx.json')) as f:
    class2idx = json.load(f)
    idx2class = dict([(v, k) for (k, v) in class2idx.items()])

@app.route("/predict", methods=['POST'])
def predict():
    target_file = request.files['image']
    img = load_img(target_file, target_size=(192, 192))  # 读取图像
    tensor = img_to_array(img)  # 将图像转换为 NumPy 数组
    tensor = tensor.reshape((1,) + tensor.shape)  # 将图像的形状改为(1,192,192,3)
    result = model.predict(tensor)

    class2probs = [(idx2class[index], float(probability)) for index, probability in
    enumerate(result[0])]
    class2probs = sorted(class2probs, key=lambda x: x[1], reverse=True)

    return jsonify(dict(class2probs))

if __name__ == "__main__":
    app.run(host='0.0.0.0', port=5000, debug=True)
```

我们在终端执行 python image_classification.py 命令启动接口，然后可以使用终端命令预测

任意图像的分类。但由于我们的训练模型只认识 5 种花，当使用其他图像进行预测时，模型会推断为 5 种花中的某一种。读者需要记得将图像路径替换为自己的预测图像的路径。

```
# 需要替换文件路径
curl -F "image=@/Users/brikerman/Desktop/rose.jpg" 0.0.0.0:5000/predict
```

得到的响应结果如下。

```
{
  "roses": 0.9833725094795227,
  "daisy": 0.016627447679638863,
  "tulips": 1.6965561713735283e-16,
  "sunflowers": 4.501873185770819e-27,
  "dandelion": 0.0
}
```

读者可能注意到了一个细节，在启动 API 时，会有这样一个日志输出："WARNING: This is a development server. Do not use it in a production deployment."。这是因为 Flask 本身是一个 Web App 框架，用于构建 Web App，但是 Web App 的运行还需要一个 Web Server 支撑。Flask 为了调试和开发，内置了一个单线程 Web Server，但其不能用于正式环境。在正式环境中，我们会使用 uWSGI 或者 Gunicorn 这样的多线程、多进程，能够自动重启 Worker 的框架进行部署。作者在随书代码仓库中列出了一些相关资料，读者可以进一步学习如何使用 Gunicorn 部署 Flask App。

在使用 Flask 部署深度学习模型时，还需要注意以下几点。

（1）确保模型在启动时加载，处理请求时复用模型。确保不反复初始化模型实例，不能在 predict()方法内初始化模型实例，否则每个请求初始化一次，响应速度会变得非常慢。

（2）模型预测前的预处理过程要与模型训练时对数据的预处理一致，但不需要数据增强。

（3）标签索引和训练时保持一致。

虽然利用 Flask 部署模型简单、快捷，但是存在以下缺点。

（1）性能比较低。

（2）每次迭代模型版本都需要重启 API 服务，再加上深度学习模型比较大、加载慢，容易造成服务中断。

（3）不能灵活地切换多个模型版本。

为了解决这些部署上的问题，谷歌开源了高性能深度学习模型部署框架 TensorFlow Serving。

16.2 TensorFlow Serving

TensorFlow Serving 是专门为生产环境设计的高性能深度学习模型部署框架。它能够方便地把训练好的模型部署上线，同时它支持模型热更新、自动版本管理、部署多模型等，使模型上线过程大大简化。利用 TensorFlow Serving 框架部署时需要 SavedModel 格式的模型。TensorFlow Serving 可以提供 gRPC 接口和 REST 接口，为了方便，我们选择使用 REST 接口进行部署。

下面我们使用以下代码把 tf.keras 模型转换成 SavedModel 格式。

```
import os
import tensorflow as tf
from tensorflow.keras.models import load_model

# 根据你的使用环境，模型位置可能不太一致，需要确保这个路径正确
MODEL_FOLDER = '/Users/brikerman/Desktop/book/intro_to_tf2.0_code/outputs/
flower_recognizer/vgg16'
# 先加载目标模型
model = load_model(os.path.join(MODEL_FOLDER, 'model.h5'))

# 保存到模型目录的'outputs/saved_model/flower_recognizer/'文件夹下，版本号为 1
TF_MODEL_FOLDER = 'outputs/saved_model/flower_recognizer/'
TF_MODEL_PATH = os.path.join(TF_MODEL_FOLDER, '1')
tf.saved_model.save(model, TF_MODEL_PATH)
print(f'Model saved to {TF_MODEL_PATH}')
```

此时，outputs/saved_model/文件夹的目录结构如下。

```
outputs/saved_model/
└── flower_recognizer
  └── 1
    ├── assets
    ├── saved_model.pb
    └── variables
      ├── variables.data-00000-of-00001
      └── variables.index
```

16.2.1 使用命令行工具部署

在 Linux 环境中，我们可以直接使用命令行工具部署编译好的 TensorFlow Serving 框架；在其他平台，则需要通过 Bazel 编译（不再展开讲述）。对于所有平台，推荐使用 Docker 方式部署。我们首先来看利用 Linux 命令行工具的安装部署过程。

（1）首先添加 TensorFlow Serving 分发源到软件源列表。

```
echo "deb [arch=amd64] http://storage.googleapis.com/tensorflow-serving-
apt stable tensorflow-model-server tensorflow-model-server-universal" \
```

```
 | sudo tee /etc/apt/sources.list.d/tensorflow-serving.list && \
curl https://storage.googleapis.com/tensorflow-serving-apt/tensorflow-serving.release.pub.gpg \
 | sudo apt-key add -
```

（2）然后安装 tensorflow-model-server。

```
apt-get update && apt-get install tensorflow-model-server
```

（3）安装完成后就可以使用 tensorflow_model_server 命令了。常用的启动命令格式如下。

```
tensorflow_model_server --port=8500 --rest_api_port=8501 \
  --model_name=${MODEL_NAME} --model_base_path=${MODEL_BASE_PATH}
```

- 使用端口 8500 提供 gRPC 接口。
- 使用端口 8501 提供 REST 接口。
- model_name 指定了模型名称。
- model_base_path 指定了模型路径。

（4）接下来，我们先把之前导出的模型复制到 Linux 服务器上，再用以下命令启动。例如，我们把 outputs/saved_model/flower_recognizer/目录复制到/home/brikerman/models/flower_recognizer。

```
tensorflow_model_server --model_name=flower_recognizer --rest_api_port=8501 \
    --model_base_path=/home/brikerman/models/flower_recognizer
```

现在，我们已经通过命令行工具部署好了 TensorFlow Serving，下面可以按照 16.2.3 节描述的方法调用接口了。

16.2.2 使用 Docker 部署

TenserFlow Serving 还支持使用 Docker 方式部署，非常方便。部署的步骤如下。

```
# 1. 下载 TenserFlow Serving 镜像
docker pull tensorflow/serving

# 2. 启动 Docker 容器
docker run -t --rm -p 8501:8501 \
  -v "/home/brikerman/models/:/models" \
  -e MODEL_NAME=flower_recognizer \
  tensorflow/serving &
```

在利用上述代码启动容器后，在容器内将会执行如下命令。

```
tensorflow_model_server --port=8500 --rest_api_port=8501 \
  --model_name=${MODEL_NAME} --model_base_path=${MODEL_BASE_PATH}/${MODEL_NAME}
```

- 使用端口 8500 提供 gRPC 接口。
- 使用端口 8501 提供 REST 接口。
- model_name 指定了模型名称，MODEL_NAME 变量的默认值为 model。
- model_base_path 指定了模型路径，MODEL_BASE_PATH 变量的默认值为/models/。

通过上面的例子我们可以发现，使用 Docker 方式部署就是在一个容器内执行命令行工具来启动 TenserFlow Serving 服务。

16.2.3　调用 REST 接口

现在，我们的模型已经部署好了，可以通过以下格式的 GET 请求获取模型状态，其中版本号信息部分（/versions/${MODEL_VERSION}）为可选。

```
GET http://host:port/v1/models/${MODEL_NAME}[/versions/${MODEL_VERSION}]
```

我们使用 Requests 框架发送上述请求，查看返回结果。后续代码均假设部署服务器的 IP 地址为 192.168.1.100。

```
import requests
res = requests.get('http://192.168.1.100:8501/v1/models/flower_recognizer')
print(res.json())
```

响应结果如下，表示当前模型版本为 1，状态为可使用。

```
{
  "model_version_status": [
    {
      "version": "1",
      "state": "AVAILABLE",
      "status": { "error_code": "OK", "error_message": "" }
    }
  ]
}
```

调用 predict 接口的方式如下。

```
POST http://host:port/v1/models/${MODEL_NAME}[/versions/${MODEL_VERSION}]:predict
```

我们用下面的 Python 代码调用这个接口。

```
import os
import requests
from tensorflow.keras.preprocessing.image import load_img, img_to_array
```

```
# 目标图像
TEST_IMAGE_PATH = '/home/brikerman/test.jpg'

img = load_img(TEST_IMAGE_PATH, target_size=(192, 192))  # 读取图像
tensor = img_to_array(img)  # 将图像转换为 NumPy 数组
tensor = tensor.reshape((1,) + tensor.shape)  # 将图像的形状改为(1,192,192,3)

data = {
  "instances": tensor.tolist()
}

res = requests.post('http://192.168.1.100:8501/v1/models/flower_recognizer:predict',
                    json=data)
print(res.json())
```

返回的响应如下，与调用 model.predict()方法时一致。

```
{'predictions': [[0.0, 0.0, 0.0, 0.0001, 0.9999]]}
```

16.2.4 版本控制

前面提到，TensorFlow Serving 的优点之一就是热更新，方法非常简单，只需要在模型文件夹，即 flower_recognizer 下面增加一个新的文件夹用来存放新模型版本。TensorFlow Serving 会自动加载新模型。例如，我们增加了一个版本号为 2 的模型，此时文件夹的结构如下。

```
outputs/saved_model/
└ flower_recognizer
  ├ 1
  │ ├ assets
  │ ├ saved_model.pb
  │ └ variables
  │   ├ variables.data-00000-of-00001
  │   └ variables.index
  └ 2
    ├ assets
    ├ saved_model.pb
    └ variables
      ├ variables.data-00000-of-00001
      └ variables.index
```

此时，我们调用 16.2.3 节介绍的模型状态查询接口，可以看到以下响应，说明版本号更新完毕。

```
{
  "model_version_status": [
    {
      "version": "2",
      "state": "AVAILABLE",
      "status": { "error_code": "OK", "error_message": "" }
    },
    {
      "version": "1",
      "state": "END",
      "status": { "error_code": "OK", "error_message": "" }
    }
  ]
}
```

本章小结

在本章，我们介绍了 Flask 和 TensorFlow Serving 这两种模型部署方案。在正式环境中，通常会将二者结合使用，即使用 TensorFlow Serving 部署模型，利用 Flask 提供对外的 API。用户请求 Flask 接口，Flask 接口对数据进行预处理后发送给 TensorFlow Serving 进行预测，预测结果再通过 Flask 转换成带标签的响应并返回给前端。读者可以尝试实现这个过程。